国家级职业教育规划教材
全国职业院校烹饪专业教材

烹饪原料知识

周宏 主编

中国劳动社会保障出版社

简　介

本书介绍了烹饪原料的有关知识，内容包括粮食类原料、蔬菜类原料、果品类原料、畜类原料、禽类原料、水产品类原料、干货类原料和调辅料类原料。本书图文并茂，使读者能够生动直观地了解各类烹饪原料的基础知识，包括种类、产地、产季、特征特点、烹饪应用、品质鉴定及注意事项等。

本书由周宏任主编，陈坤浩、朱玉龙任副主编，李海涛、陈君、李嘉曦参与编写。

图书在版编目（CIP）数据

烹饪原料知识 / 周宏主编 . -- 北京：中国劳动社会保障出版社，2022
全国职业院校烹饪专业教材
ISBN 978-7-5167-5179-4

Ⅰ. ①烹…　Ⅱ. ①周…　Ⅲ. ①烹饪 - 原料 - 中等专业学校 - 教材　Ⅳ. ①TS972.111

中国版本图书馆 CIP 数据核字（2022）第 019875 号

中国劳动社会保障出版社出版发行

（北京市惠新东街 1 号　邮政编码：100029）

*

北京市白帆印务有限公司印刷装订　　新华书店经销

787 毫米 × 1092 毫米　16 开本　17.5 印张　317 千字

2022 年 6 月第 1 版　　2022 年 6 月第 1 次印刷

定价：49.00 元

读者服务部电话：（010）64929211/84209101/64921644

营销中心电话：（010）64962347

出版社网址：http://www.class.com.cn

http://jg.class.com.cn

前　言

近年来，随着我国社会经济、技术的发展，以及人们生活水平的提高，餐饮行业也在不断创新中向前发展。餐饮业规模逐年增长，新标准、新技术、新设备和新方法不断出现，人们对餐饮的需求也日益丰富多样。随着餐饮行业的发展，餐饮企业对从业人员的知识水平和职业能力水平提出了更高的要求。为了培养更加符合餐饮企业需要的技能人才，我们组织了一批教学经验丰富、实践能力强的一线教师和行业、企业专家，在充分调研的基础上，编写了这套全国职业院校烹饪专业教材。

本套教材主要有以下几个特点：

第一，体系完整，覆盖面广。教材包括烹饪专业基础知识、基本操作技能及典型菜品烹饪技术等多个系列数十个品种，涵盖了中式烹调技法、西式烹调技法及面点制作等各方面知识，并涉及饮食营养卫生、烹饪原料、餐饮企业管理等内容，基本覆盖了目前烹饪专业教学各方面的内容，能够满足职业院校烹饪教学所需。

第二，理实结合，先进实用。教材本着“学以致用”的原则，根据餐饮企业的工作实际安排教材的结构和内容，将理论知识与操作技能有机融合，突出对学生实际操作能力的培养。教材根据餐饮行业的现状和发展趋势，尽可能多地体现新知识、新技术、新方法、新设备，使学生达到企业岗位实际要求。

第三，生动直观，资源丰富。教材多采用四色印刷，使烹饪原料的识别、工艺流程的描述、设备工具的使用更加直观生动，从而营造出更

加直观的认知环境，提高教材的可读性，激发学生的学习兴趣。教材同步开发了配套的电子课件及习题册。电子课件及习题册答案可登录技工教育网（jg.class.com.cn），搜索相应的书目，在相关资源中下载。部分教材针对教学重点和难点制作了演示视频、音频等多媒体素材，学生扫描二维码即可在线观看或收听相应内容。

本套教材的编写工作得到了有关学校的大力支持，教材的编审人员做了大量的工作，在此，我们表示诚挚的谢意！同时，恳切希望广大读者对教材提出宝贵的意见和建议。

人力资源社会保障部教材办公室

目　录

绪　论

烹饪原料是可以通过烹饪加工制成各种主食、菜肴、糕点的可食性原料的总称。学习烹饪原料知识，首先要了解烹饪原料的名称，掌握原料的产地、产季、外部特征、性质特点、烹饪应用、品质鉴定、储存保鲜方法、营养成分、烹调加工等注意事项（以下简称注意事项）等方面的知识。只有了解和掌握这些基础知识，才能对烹饪原料进行科学合理的使用，丰富菜肴花色品种。烹饪原料必须具备三个要素，即营养价值、良好的口味和口感，以及食用安全性。

一、烹饪原料研究的内容

1. 烹饪原料的产地与产季

（1）产地

烹饪原料品种繁多，各国各地区都有自己的特色物产，了解烹饪原料的产地对加工制作菜肴有借鉴、指导和帮助作用。

（2）产季

烹饪原料的产季指天然原料在自然环境中的最佳出产季节或加工类原料的主要出产季节。因各国各地区所处地理位置不同，气候差别较大，各种原料所适应的生长环境不同，所以各种原料的最佳出产季节不同。掌握原料的产季知识，有助于在烹饪中科学选料。

2. 烹饪原料的特点与烹饪应用

（1）特点

烹饪原料的特点指其色泽、外观形态、组织结构、化学成分、口味和质地等。要烹制出色、香、味、形俱佳的菜肴，前提是要正确选料。烹饪原料品种较多，外部特征、质地、口味等各异，即使同种原料也有着不同的特点，例如，猪肉中的五花肉、前胛肉、后腿肉等的特点就有所不同。掌握每一种烹饪原料的特点，是为了寻求菜肴最佳的调味方法、初加工方法和烹调方法，最大限度地实现原料的烹饪价值。

（2）烹饪应用

烹饪原料的烹饪应用指原料在烹饪中的主要用途和适用的最佳烹调方法。各种烹饪原料都有不同的特性，研究原料的用途，就是寻求与原料性质相适应的烹调方法，

最大限度地突出原料所具有的口感、滋味和特殊风味，为人们提供色、香、味、形俱佳的菜肴。

3. 烹饪原料的品质鉴定

影响菜肴品质的主要因素有两个方面，一是原料的品质，二是烹调技艺。烹饪原料的品质鉴定与选料十分重要，若选用劣质或腐败原料，菜肴的质量就无法保证。

（1）品质鉴定的依据和标准

1）原料的固有品质。原料的固有品质是指原料本身所具备的结构形态、营养价值、口味、质地等（与原料的品种、产地、产季及时间等有关）。

2）原料的新鲜度。原料的新鲜度是鉴别原料质量最基本的标准（与保鲜储存方法、存放时间有关），主要表现在形态、色泽、含水量、质地、气味、清洁卫生等方面。

（2）品质鉴定的基本方法

1）理化鉴定法。理化鉴定法是指利用物理、化学、微生物等知识，并借助相关仪器对烹饪原料品质进行鉴定的方法。

2）感官鉴定法。感官鉴定法是在实际工作中最为简便、实用、迅速有效的一种鉴定方法。使用这种方法时，鉴定者运用眼、耳、鼻、舌、手等感官去感受烹饪原料的外部特征，鉴定出原料品质的优劣，它要求鉴定者具有一定的经验。感官鉴定法又可以分为视觉感官鉴定法、嗅觉感官鉴定法、听觉感官鉴定法、味觉感官鉴定法和触觉感官鉴定法等方法。在实践中，它们不是孤立使用的，有时需要配合使用多种感官鉴定方法才能鉴定出原料品质的优劣。为了准确鉴定原料品质的优劣，鉴定者必须反复实践，才能积累丰富的经验。

4. 烹饪原料的储存方法、营养成分、注意事项

（1）储存方法

在烹饪中，对于鲜活原料应现买现用，以防存放时间过长造成原料干老、变色甚至腐败，从而降低原料的使用价值，造成经济损失。鲜活原料库存不宜过多，对于那些不能一次使用完的原料，一般采用低温储存（最常用）、高温储存、腌渍、烟熏、脱水干制、密封、气调、辐射、使用保鲜剂、活养等储存方法。

（2）营养成分

烹饪原料中所含的主要营养成分有蛋白质、脂肪、糖类、矿物质、维生素和水这六大营养素，这些营养成分分别存在于不同的原料之中，每种原料所含营养成分的种类及含量的多少均各不相同。研究原料的营养成分是为了合理搭配营养、平衡膳食及合理烹调，从而实现科学膳食。

（3）注意事项

由于烹饪原料的产地、产季、生长环境、特点、可食用部位等不同，所以在烹调

加工时，应去除其老、残、有异味和不可食用部位，运用最佳的烹调方法，突出原料本身的鲜美滋味和良好口感，保证原料的食用价值。

二、烹饪原料的分类

根据各种烹饪原料的性质，选择恰当的标准和依据，可对其进行系统的分类。对烹饪原料进行分类，有助于烹饪原料学科体系的科学化、系统化，有助于全面认识烹饪原料的性质和特点，有助于合理利用烹饪原料。

烹饪原料常用的分类方法及类别如下图所示。

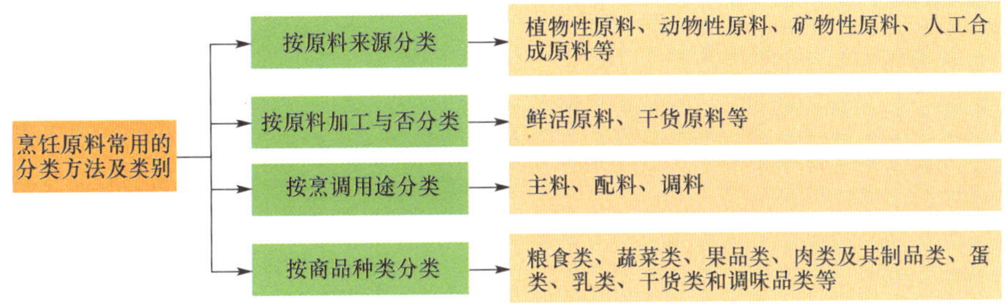

烹饪原料常用的分类方法及类别

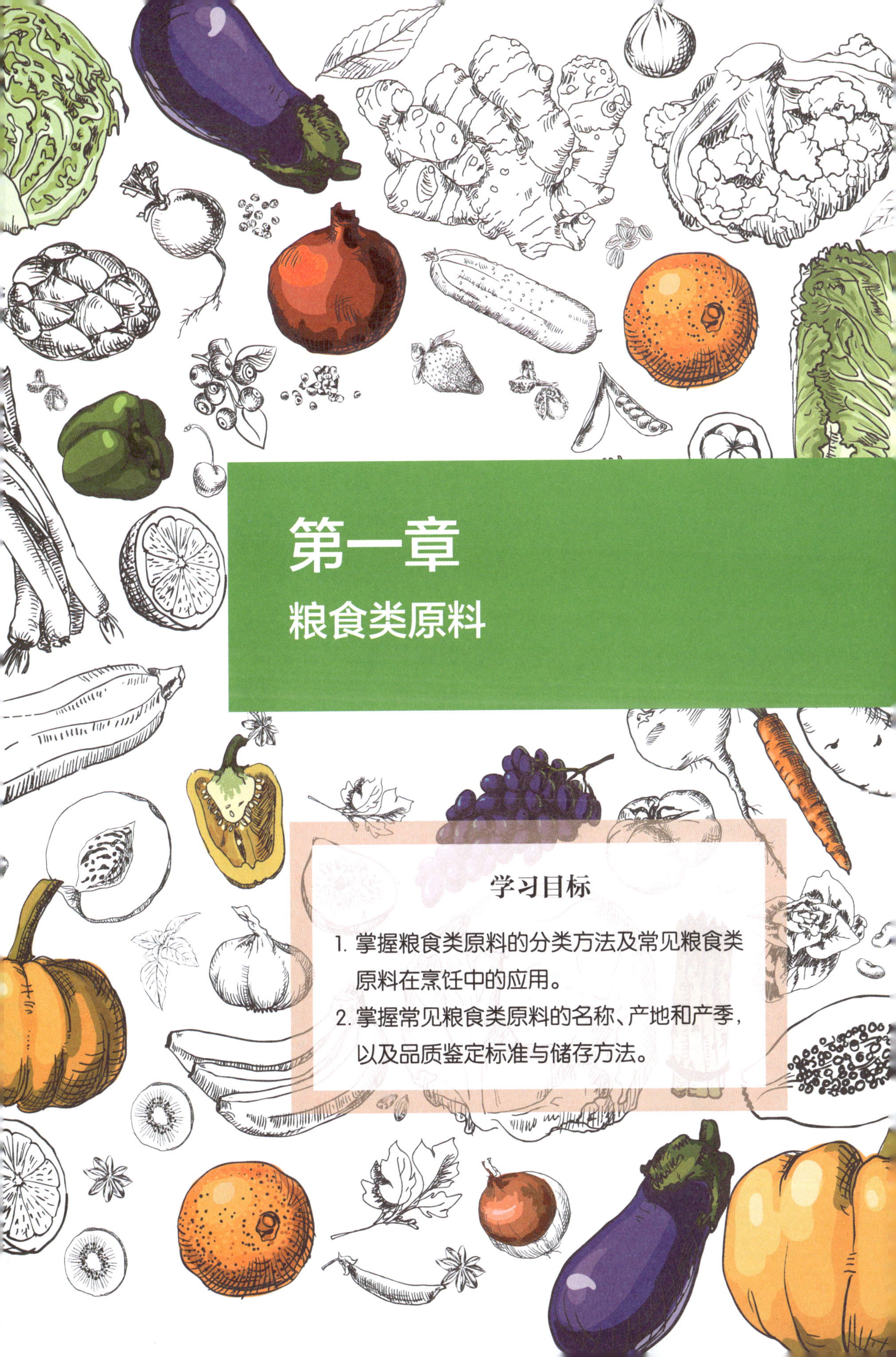

第一章 粮食类原料

学习目标

1. 掌握粮食类原料的分类方法及常见粮食类原料在烹饪中的应用。
2. 掌握常见粮食类原料的名称、产地和产季，以及品质鉴定标准与储存方法。

粮食是人们最基本的主食，也是一类重要的烹饪原料。粮食按其属性不同，可分成谷类粮食及其制品（如大米、小麦、玉米、小米、高粱、大麦、荞麦等）、豆类粮食及其制品（如大豆、绿豆、赤豆等）和薯类粮食及其制品（如甘薯、木薯等）三大类，如下图所示。粮食类原料在烹饪中主要用于制作主食、糕点，也用于制作一些菜肴和调味料。

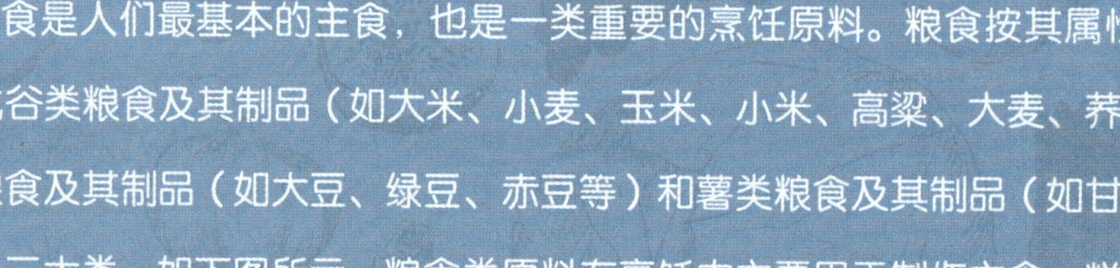

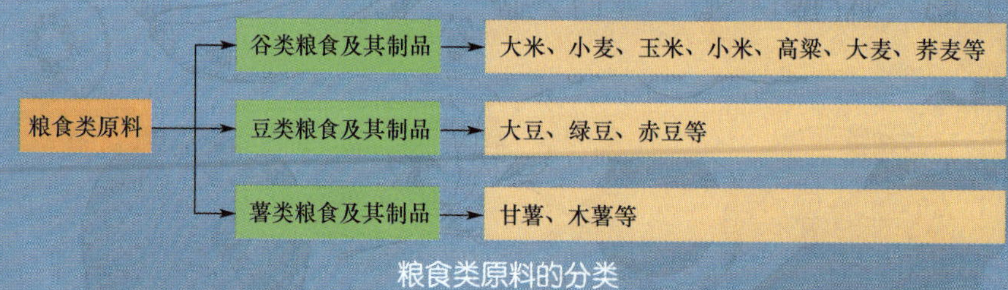

粮食类原料的分类

第一节　谷类粮食及其制品

谷类粮食主要包括米类（如籼米、粳米、糯米）、麦类（如小麦、大麦、燕麦、黑麦等）、玉米、高粱、粟、黍等。除荞麦外，谷类的结构基本相似，都是由谷皮、胚乳、胚芽三个主要部分组成。不同谷类因种类、产地、生长条件和加工方法不同，其营养素含量有很大差别。

一、大米及其制品

大米是由水稻籽实经加工脱壳得到的制品。大米含糖类 75% 左右，含蛋白质 7% ~ 8%，含脂肪 13% ~ 18%，并含有丰富的 B 族维生素等。大米中的糖类主要是淀粉，所含的蛋白质主要是米谷蛋白，其蛋白质的生物价和氨基酸的构成比例都比小麦、大麦、小米、玉米等粮食高，大米是谷类中含蛋白质较高的一种。米类原料在烹饪中应用广泛，尤其是在面点制作中，主要作为皮坯原料之一。常用的大米有籼米、粳米和糯米三种。

1. 籼米

籼米是我国大米中产量最大的一种，由籼稻加工而成。

【产地】产于四川、湖北、湖南、广东等地。[①]

【产季】夏秋两季。

① 如非特别说明，本书中的产地一般限于国内。

【特征特点】籼米米粒细长或圆而长，颜色灰白，半透明，米粒中含有较多的腹白。米质较疏松，硬度低，耐压性差，加工时易碎。米粒在成熟过程中吃水量大，膨胀性好，出饭率高，但黏性差，口感干而粗糙。

【烹饪应用】籼米适合用来制作各种米饭、稀粥和发酵米制品，干米炒熟后磨成粉可作为粉蒸类菜肴的配料。

【品质鉴定】优质籼米粒形整齐饱满，干燥而有光泽。制熟后有鲜香味、无碎米、米糠少、未霉变、脱壳时间短的为新鲜米。

【注意事项】用籼米制作米饭时一定要蒸，不要用捞的方法，这样就不会损失大量维生素。

【储存方法】气调储存。

2. 粳米

粳米由粳稻加工而成。

籼米

粳米

【产地】主要产于华北、东北及江苏等地。

【产季】夏秋两季。

【特征特点】粳米粒为短圆形，呈蜡白色，米中腹白面积小，透明和半透明的较多。粳米质硬且有韧性，加工时不易破碎。粳米成熟后基本上呈透明状，黏性较强，香味浓郁，但膨胀性较差，出饭率低于籼米。

【烹饪应用】粳米适合用来制作各种米饭和稀粥，可磨粉后制作年糕、打糕等。

【品质鉴定】优质粳米粒形整齐饱满，干燥而有光泽。制熟后有鲜香味、无碎米、糠皮少、未霉变、脱壳时间短的为新鲜米。

【注意事项】用纯粳米粉调制的粉团具有黏性，一般不用来发酵。

【储存方法】气调储存。

3. 糯米

糯米又称酒米、江米，由糯稻加工而成。

【产地】产于我国南方，主要产于浙江和江苏南部等地。

【产季】夏秋两季。

【特征特点】糯米有籼糯和粳糯之分，米粒形状多样，有宽厚阔扁的，也有细长如针状的。糯米呈乳白色，不透明。其成分主要是支链淀粉，成熟后黏性较强，呈透明状，膨胀性差，出饭率比粳米还低。

【烹饪应用】糯米适合用来制作多种面点，还可用来酿制米酒。

【品质鉴定】优质糯米粒形整齐饱满，干燥而有光泽。制熟后有鲜香味、无碎米、糠皮少、未霉变、脱壳时间短的为新鲜米。

【注意事项】用纯糯米粉调制的粉团具有黏性，一般用来发酵。

【储存方法】气调储存。

4. 米粉

米粉是指大米经加工磨碎而成的粉末状原料。

糯米

米粉

【种类】米粉根据所用原料不同分为籼米粉、粳米粉和糯米粉，根据加工方法不同又分为干磨粉、湿磨粉和水磨粉。

【产地】产于全国各地。

【产季】一年四季。

【特征特点】干磨粉是将大米不加水直接碾磨成的细粉，其特点是含水量少，储存方便，不易变质，但粉质较粗，色泽较暗，滑爽性、软糯性差。湿磨粉是将大米淘洗干净后，加入大量的水浸泡 5 ~ 6 小时，再沥干水分加工成的粉末，其特点是粉质细腻、软糯，但含水量较多，难以储存。水磨粉是将大米淘洗干净后浸泡 5 ~ 6 小时，再连米带水一起磨成米浆，然后滤干水分得到的米粉，其特点是粉质非常细腻，口感滑糯，但含水量多，难以储存。

【烹饪应用】米粉适合用来制作精细的特色糕团，以及粉条、粉卷等。

【品质鉴定】优质米粉较细腻，耐久存。

【注意事项】注意保持干燥，避免霉变、受污染，食用前应过筛。

【储存方法】气调储存。

5. 米线

米线又称米丝或米面，是以大米为原料，经过洗米、浸泡、磨浆、搅拌、蒸粉、压条、干燥等一系列工序制成的粉丝状米制品。

【产地】产于全国各地，主要产于福建、广东等地。

【产季】一年四季。

【特征特点】外形细长，透明，有韧性。

【烹饪应用】米线可用来制作主食或小吃。

【品质鉴定】优质米线条形细长，有透明感，无斑点和异味，有韧性，无杂质。煮后不粘连，不断碎，汤不糊。

【注意事项】米线宜现吃现做。米线应保持干燥，无污染，未霉变，使用前应浸泡至软。

【储存方法】冷藏、气调储存。

米线

6. 年糕

年糕是我国传统食品，多作为春节时的美食，寓意年年高。年糕主要用黏性强的糯米或米粉加工而成。

【产地】产于全国各地。

【产季】冬季。

【特征特点】南方的年糕甜咸兼具，味道清淡。北方的年糕以甜为主，口感细腻香滑。

【烹饪应用】年糕可蒸、炒、煎、炸、烤等，可烧糕汤，可搭配其他原料成菜或制熟后直接蘸白糖吃。

【品质鉴定】优质年糕干燥，无污染，未霉变。

【注意事项】不能冷食或多吃，否则有可能导致消化不良。

【储存方法】风干后气调储存。

7. 锅巴

锅巴是用谷类粮食烧饭时在贴锅处所生成的黄脆部分，又名锅焦、饭焦、饭锅巴。

年糕

锅巴

【产地】产于全国各地。

【产季】一年四季。

【特征特点】颜色金黄，口感酥脆，香味浓郁。

【烹饪应用】锅巴可直接食用，也可搭配其他原料成菜，如“锅巴肉片”。

【品质鉴定】优质锅巴颜色金黄，不焦煳，干而脆，无霉点，有淡淡米饭香味。

【注意事项】制作时要控制好火候。可通过炸、炒等方法增加锅巴色泽，增强口感。

【储存方法】干燥储存。

二、小麦、面粉及其制品

小麦是我国的主要粮食之一，含有淀粉、蛋白质、糖类、脂肪、B 族维生素、卵磷脂、精氨酸及多种酶，有较高的营养价值。面粉是一种由小麦磨成的粉末，为最常见的食品原料之一。面粉按其蛋白质含量的多少可分为高筋面粉、中筋面粉、低筋面粉和无筋面粉。

1. 小麦

小麦属禾本科植物，其在全世界的播种面积居各种粮食之首。

【种类】小麦的品种很多，主要有普通小麦、密穗小麦、圆锥小麦、硬粒小麦、东方小麦和波兰小麦等。小麦按皮色不同分为红小麦和白小麦，按季节不同分为春小麦和冬小麦，按质地不同分为硬质小麦和软质小麦。

【产地】在长江流域、黄河流域、淮河流域种植，主要产于华北平原。

【产季】夏秋两季。

【特征特点】小麦有卵圆形、椭圆形和近圆形等多种形状。

【烹饪应用】将小麦磨制加工而成的面粉，是制作主食、糕点等食品的主要原料。小麦还是制作调味料和酿酒的原料。

【品质鉴定】冬小麦优于春小麦，白小麦优于红小麦。硬质小麦蛋白质含量高，可磨制高级面粉，适于用来制作面包等。软质小麦质松软，含淀粉较多，筋力小，其质量不如硬质小麦，磨制的面粉适于制作饼干和糕点。

【注意事项】注意选择适宜的储存方法，防鼠，防虫。

【储存方法】气调储存。

小麦

2. 面粉

面粉是由小麦经过机械加工而得到的粉料，是制作面点皮坯的主要原料之一，面粉的质量直接影响面点的制作方法及成品品质。

【种类】面粉根据加工精度和用途不同可分为等级粉和专用粉，等级粉又分为特制粉、标准粉和普通粉。

【产地】产于长江流域、黄河领域、淮河流域，主要产于华北平原。

【产季】一年四季。

【特征特点】特制粉又叫富强粉，是一种加工精度较高的面粉。它颜色洁白，颗粒细小，含麸量少，灰分也很少，适合用来制作西式面点中的面包。标准粉是一种加工精度较好的面粉，它颜色稍黄，颗粒较粗，含麸量多于特制粉，适合用来制作中式面点。普通粉又叫弱力粉，含麸量较多，颜色较黄，适合用来制作各种蛋糕和混酥类制品。专用粉是利用特殊品种小麦磨制而成的面粉，或是根据使用目的，在等级粉的基础上加入食品添加剂，混合均匀而制成的面粉。专用粉按面粉特点不同又分为面包粉、蛋糕粉、馒头包子粉、饺子粉等。

【烹饪应用】面粉可用来制作主食和各种糕点等。

【品质鉴定】优质面粉色白，杂质少，面筋含量高，含水量少，新鲜度高，无腐败味、苦味、霉味。

【注意事项】存放时间适当长些的面粉要比新磨的面粉品质好，民间有“麦吃陈，米吃新”的说法。

【储存方法】气调储存。

3. 面筋

面筋又称百搭菜、面根，是面粉中的蛋白质遇水后形成的一种胶状物质。面筋制品有水面筋、素肠、烤麸、油面筋等。

面粉

面筋

【产地】产于全国各地。

【产季】一年四季。

【特征特点】呈浅灰色，柔软而有弹性。

【烹饪应用】面筋制品可以素炒或与肉类食品配合使用，也可以熏制、干制以供久储。面筋还可经发酵制成臭面筋。

【品质鉴定】优质面筋干净，蛋白质含量高，无杂质。

【储存方法】低温储存。

4. 澄粉

澄粉又称小麦澄面，是将面粉中的面筋提取出来后的产物，即将洗去面筋的面粉（含水）进行沉淀，滤干水分，再把沉淀的粉晒干后研细而成的粉料。

【产地】产于全国各地。

【产季】一年四季。

澄粉

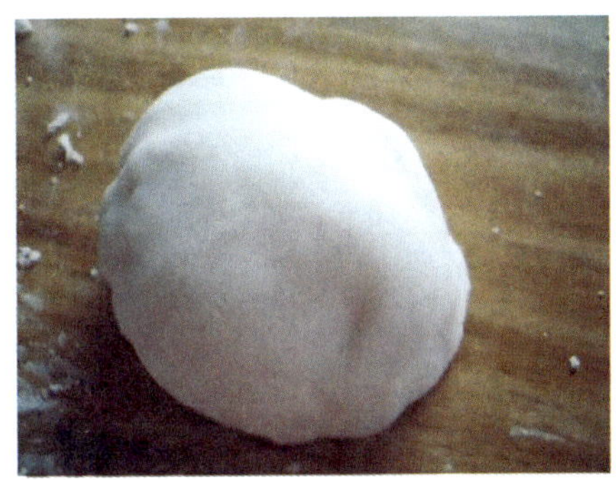
澄粉面团

【特征特点】色洁白，质细滑。用其制作的面点半透明，口感柔韧滑爽。

【烹饪应用】澄粉可用来制作主食和各种糕点。其蒸制品入口滑爽，炸制品酥脆。

【品质鉴定】优质澄粉色白，无杂质，烫制后呈半透明状。

【注意事项】注意保持干燥，避免霉变和受污染，使用前要过筛。

【储存方法】低温储存。

5. 意大利面

意大利面也称意大利粉，以面粉为主要原料，辅以鸡蛋、大豆粉、牛奶等制成。

【产地】主要产于意大利。

【产季】一年四季。

【特征特点】筋力十足，耐煮不糊，质地紧实，弹性好。

【烹饪应用】意大利面多用于西餐烹饪中，既可作为主料，也可作为辅料。

【品质鉴定】优质意大利面呈淡金黄色，带有明显小麦香气，久煮不烂，煮后水相对清澈，不浑浊。

【注意事项】要放置在通风、阴凉、干燥处储存。表面粗糙的意大利面易于挂酱汁。

【储存方法】气调储存。

6. 面包渣

面包渣是将淡面包或咸面包焙干研屑制成的原料，为西餐菜肴制作时的常用配料，现在也多用于中餐烹调中。

意大利面

面包渣

【产地】产于全国各地。

【产季】一年四季。

【特征特点】炸制后色泽金黄，口感酥脆，形状美观。

【烹饪应用】面包渣主要作为炸猪排、炸鸡等的蘸裹料，适于煎、炸。中餐中也常用馒头渣代替之。

【品质鉴定】优质面包渣质地好，颗粒大小均匀，干燥。

【注意事项】宜密封储存，置于干燥、阴凉处。

【储存方法】气调储存。

三、其他谷类粮食及其制品

人们习惯将除大米和小麦两种细粮之外的粮食称为其他谷类粮食，如玉米、大麦、小米、高粱等。

1. 玉米

玉米又称苞谷、苞米、珍珠豆、玉蜀黍等，属于禾本科植物。

玉米

【种类】玉米的品种很多，按颜色不同可分成黄玉米、白玉米和杂色玉米，按粒质不同可分为硬粒型、马齿型、粉质型、爆裂型等类型。

【产地】产于全国各地，主要产于华北、东北和西南等地区。

【产季】秋季。

【特征特点】颜色鲜艳，香味浓郁。黄玉米含糖量较多，口味香甜；白玉米含有一定的支链淀粉，口感软糯。

【烹饪应用】玉米可以煮熟后直接食用，还可用来煮粥、制甜羹、酿酒、制作罐头。可将成熟的玉米加工成粉末，制作各种糕点。

【品质鉴定】硬粒型的玉米品质最好，它籽粒小，坚硬饱满，表面不皱缩，有光泽，蛋白质含量高，有黄、白、红等颜色。

【注意事项】发霉的玉米绝对不能食用。

【储存方法】气调储存。

2. 大麦

大麦是一种主要的粮食，已有几千年的种植历史，是中国古老的粮食之一。世界谷类作物中，大麦的种植总面积和总产量仅次于小麦、水稻、玉米。

【产地】产于淮河流域及其以北地区。

【产季】秋季。

【特征特点】大麦籽粒扁平，中间宽，两端尖，呈纺锤形。麦籽紧密结合，不易分离。

【烹饪应用】大麦磨粉后可用来制作饼、馍，大麦可用来制成粥、饭，主要吃法是压成麦片，还可用来生产啤酒、麦芽糖。

【品质鉴定】优质大麦皮呈淡褐色，麦肉呈粉白色，有光泽，无虫蛀，未霉烂，有正常麦片香味。

【注意事项】注意采用正确的储存方法，防鼠，防虫。

【储存方法】气调储存。

大麦

3. 小米

小米又称粟、黄粟、粟谷等，是谷子的谷穗去皮后所留的米粒。

【种类】小米品种较多，谷粒颜色有白色、黄色、褐色、黑色、红色、灰色等，以白色和黄色最为普遍。小米按谷粒黏性不同可分为糯粟和粳粟两类。

【产地】产于华北、西北和东北等地区。

【产季】秋季。

【特征特点】粒小而滑硬。

【烹饪应用】小米可单独制成饭和稀粥，磨粉后可制成饼、窝头、丝糕等，与面粉掺和后可用来制作发酵制品。

【品质鉴定】优质小米谷壳色浅，皮薄，出米率高。

【注意事项】注意采用正确的储存方法，防鼠，防虫。

【储存方法】气调储存。

小米

4. 高粱

高粱又称蜀黍、芦粟。

【种类】高粱品种较多，按性质不同可分为粳高粱、糯高粱两种，按颜色不同可分为白高粱、黄高粱、黑高粱、红高粱等品种。

【产地】产于东北地区以及山东、河北、河南等地。

【产季】秋季。

【特征特点】高粱脱壳后即为高粱米，籽粒呈椭圆形、卵形或圆形。

【烹饪应用】高粱米可用来制作米饭和面食，还可酿酒。

【品质鉴定】优质高粱米大小均匀，颗粒完整，不碎裂，无杂质。白高粱的品质最好。

【注意事项】注意采用正确的储存方法，防鼠，防虫。

【储存方法】气调储存。

高粱

5. 荞麦

荞麦又称乌麦、三角麦。

【种类】荞麦主要有甜荞、苦荞、翅荞等品种。

【产地】产于全国各地，其中东北地区较多。

【产季】夏秋两季。

【特征特点】荞麦生长期短，适应性强。荞麦籽粒为三棱形瘦果，棱角有明显光泽，外裹革质壳，呈黑、褐或灰色，内部种仁为白色。

【烹饪应用】荞麦去壳后可直接制作荞麦米饭，磨粉后还可以做糕饼、面条。荞麦也可作为麦片和糖果的原料。

【品质鉴定】优质荞麦粒形完整，杂质较少，含水量少，色泽正常，无异味。甜荞品质最好。

【注意事项】注意采用正确的储存方法，防鼠，防虫。

【储存方法】气调储存。

荞麦

第二节　豆类粮食及其制品

豆类在我国种植范围广泛，按营养成分不同可分成两大类：一类是蛋白质、糖类含量高而脂肪含量中等的豆类，如大豆、四棱豆等；另一类是含大量糖类、中等蛋白质和少量脂肪的豆类，如绿豆、赤豆等。

一、豆类粮食

1. 大豆

大豆鲜嫩时可作为蔬菜，即称毛豆，秋季收获时为干豆。

【种类】大豆品种很多，按种皮颜色不同分为黄豆、青豆、黑豆。

【产地】产于东北、华北、长江下游地区及陕西、四川等地，东北出产的大豆质量最优。

【产季】秋季。

【特征特点】豆粒有球形、椭圆形、长椭圆形、扁圆形等。大豆是富含优质蛋白质的豆类，营养价值很高。

【烹饪应用】大豆可用来制作主食，也可用来磨制豆浆。将大豆磨成粉后与米粉掺和，可制作糕点等。

【品质鉴定】优质大豆粒大饱满，未霉变，无虫蛀。

【注意事项】大豆的黏性差，含有一定的豆腥味，所以经常与米粉掺和一起制作糕团制品，以改善制品的口味。

【储存方法】气调储存。

大豆

2. 绿豆

绿豆又称青小豆、植豆等。

【产地】产于全国各地。

【产季】秋季。

【特征特点】豆粒呈短矩形，豆皮的颜色有青绿、黄绿、黑绿三大类。它色泽鲜艳，易制成豆沙。

【烹饪应用】绿豆可与大米、小米一起做饭、稀粥等主食，可与动物性原料一同炖煮，可磨成粉后制作糕点，可制成豆沙作馅心用。绿豆也是制作淀粉、粉丝、粉皮的好原料。

【品质鉴定】优质绿豆颗粒饱满，色绿而有光泽，无虫蛀，以当年新绿豆为佳。

【注意事项】未煮烂的绿豆豆腥味重，食后易恶心、呕吐。

【储存方法】气调储存。

绿豆

3. 赤豆

赤豆又称红豆、红小豆、赤小豆等，因种皮呈赤红色而得名。

【产地】产于华北、东北以及黄河流域、长江流域等地区。

【产季】夏秋两季。

【特征特点】有些赤豆种皮呈绿、淡黄等颜色，豆粒呈椭圆或长椭圆形，质地坚硬，富含淀粉。

【烹饪应用】赤豆可与米、面掺和做主食，也可做豆羹、豆汤，煮烂后可磨制豆沙馅，还可制作糕点。

【品质鉴定】优质赤豆干而粒大，颗粒饱满，皮薄，色赤红，有光泽，无异味、霉变、虫蛀。

【注意事项】宜与其他谷类原料混合食用。

【储存方法】气调储存。

赤豆

二、豆类制品

1. 豆腐

豆腐是以大豆为原料，经浸泡、磨浆、煮浆、点卤等工序压制成形的产品。豆腐是我国的传统食品，距今已有 2 000 多年的历史。

【种类】根据制作豆腐时所用的凝固剂不同，豆腐可分为南豆腐、北豆腐和内酯豆腐三种。

【产地】产于全国各地。

【产季】一年四季。

【特征特点】豆腐品种繁多，具有风味独特、制作工艺简单、食用方便的特点。豆腐一般呈乳白色，质地细嫩，柔滑可口，味道鲜美。豆腐是高蛋白、低脂肪食品，营养价值很高，不但包含了大豆的全部营养成分，而且去掉了大豆中的粗纤维和豆腥味等，大大提高了人体对豆腐所含各类营养物质的吸收率，具有降血压、降血脂、降胆固醇的功效。

【烹饪应用】豆腐既可作为主料，也可作为配料。由于凝固方法不同，各种豆腐品质略有差别。南豆腐适于拌、炒、烩、烧、制羹、制汤等，北豆腐适于煎、炸、酿、制馅等。

【品质鉴定】优质豆腐表面光滑，洁白细嫩，成块不碎，气味清香，柔嫩可口，无涩味或酸味。

【注意事项】翻炒豆腐时，用力要轻，以免碎烂。

【储存方法】低温储存。

2. 豆芽

豆芽是豆类的种子在无光、无土环境和适宜的温度、湿度下培育出的芽菜的总称，也称“活体蔬菜”。

豆腐

豆芽

【种类】常见的有黄豆芽和绿豆芽。

【产地】产于全国各地。

【产季】一年四季。

【特征特点】黄豆芽长约 10 厘米，子叶为黄色，胚根较粗，为白色。绿豆芽长约 7 厘米，子叶为淡绿色，胚根较细，为青白色。绿豆芽较黄豆芽更为柔嫩、爽口。

【烹饪应用】黄豆芽适于烧、炒、汆等，绿豆芽适于拌、汆等。

【品质鉴定】优质豆芽胚根直挺，长短适当，粗细匀称，豆瓣不裂开。

【注意事项】在烹调过程中宜快速加热并放少许醋，以保持豆芽脆嫩，并保护其所含的维生素。

【储存方法】低温储存。

3. 豆腐皮、腐竹

豆腐皮又称油皮、豆腐衣、挑皮，是将大豆磨浆并煮熟后在表面结成的一层薄膜揭起晾透吹干而成的豆制品。腐竹是将豆腐皮折叠成竹条状再烘干而成的豆制品。

豆腐皮

腐竹

【产地】产于全国各地。

【产季】一年四季。

【特征特点】豆腐皮是豆制品的精华，植物蛋白含量比较丰富，色泽金黄，韧性较强。腐竹的含水量比豆腐皮少。

【烹饪应用】豆腐皮适于炸、拌、烧、熘、焖，也可用来制作素鸡、素鹅、素火腿、素香肠等。腐竹可单独凉拌，也可炒、烩、烧、炸等。

【品质鉴定】优质豆腐皮薄而透明，呈金黄色，有光泽，柔软不黏，表面光滑，无破损。优质腐竹呈浅金黄色，有光泽，无夹心，折之易断，粗细均匀。

【注意事项】豆腐皮和腐竹在烹调前要用水浸泡。

【储存方法】气调储存。

第三节 薯类粮食及其制品

薯类属于根茎类作物，主要包括甘薯、木薯、马铃薯、芋类等，这类作物的可食用部分主要是生长在土壤中的块根或块茎。根据我国人民的饮食习惯和烹饪中的应用情况，本书将较多用于主食或面点制作的甘薯等作为粮食类原料讲解，将马铃薯等较多用于菜肴制作的薯类作为蔬菜类原料讲解。

一、薯类粮食

1. 甘薯

甘薯又称山芋、番薯、红薯、白薯、红苕等。

【产地】产于全国各地，主要产于华北、华东、东北、西南地区。

【产季】秋季。

【特征特点】甘薯肥大的根块可供食用，其形态有纺锤形、圆球形、圆柱形、梨形等，皮有白、黄、红、淡红、紫红等色，肉有白、黄、淡黄、橘红等色。

【烹饪应用】甘薯可作为主食，可用来制作各类糕点，可以加工成粉丝、酿酒、制糖、制淀粉。甘薯的嫩茎和叶还可作为蔬菜食用。

【品质鉴定】优质甘薯体大而粗圆，完整无伤，未霉烂，无虫蛀。

【注意事项】烂甘薯和发芽的甘薯可使人中毒，不可食用。

【储存方法】气调储存。

2. 木薯

木薯又称树薯、木番薯、槐薯等。

甘薯

木薯

【种类】甜木薯和苦木薯。

【产地】产于广东、广西等地区。

【产季】秋季。

【特征特点】木薯的可食用部分是其块根，呈圆锥形、圆柱形或纺锤形，皮色因品种不同有白、灰白、淡黄、紫红等多种颜色。肉质部分是薯块的主要部分，呈白色，含有丰富的淀粉。

【烹饪应用】木薯可用来制作菜肴，主要用于生产淀粉，还可作为制作乙醇、果糖、葡萄糖的原料。

【品质鉴定】优质木薯外形完整，无病虫害，无大的破损。

【注意事项】因木薯的各部分均含有毒物质，所以食用鲜木薯的肉质部分时须用水浸泡并作干燥处理。

【储存方法】气调储存。

二、薯类粮食制品

薯类粮食制品多利用薯类所含的淀粉制成，如用甘薯制作的粉丝、粉皮，用木薯制作的西米等。

1. 粉丝

粉丝又称粉条、粉干、线粉等，是用薯类、豆类或玉米等的淀粉加工成的面条状制品。

【种类】粉丝按原料不同可分为薯粉丝、豆粉丝和混合粉丝。

【产地】产于全国各地。

【产季】一年四季。

粉丝

【特征特点】薯粉丝成品短粗，不透明，易断碎；豆粉丝呈半透明状，弹性、韧性均强；混合粉丝有韧性，膨胀性好，颜色稍白，质量不如豆粉丝。

【烹饪应用】粉丝适于炒、拌、制汤等。粉丝可代替粮食作为主食，可作为菜肴配料，可用来做小吃。

【品质鉴定】优质粉丝粗细均匀，条长，洁白光亮，韧性强。

【注意事项】粉丝需要用温水浸泡后再烹制。

【储存方法】气调储存。

2. 粉皮

粉皮又称拉皮，是用薯类或豆类淀粉制成的片状制品。

【种类】粉皮按水分含量不同分为干粉皮和水粉皮两种，按形状不同分为圆形和方形两种。

【产地】产于全国各地。

【产季】一年四季。

【特征特点】干粉皮色微绿，水粉皮色洁白，二者均柔滑爽口，耐嚼。

【烹饪应用】粉皮适于拌、炒等。

【品质鉴定】优质粉皮片薄而平整，亮中透绿，质地干硬，具有韧性，久煮不变形。

【注意事项】干粉皮要用温水浸软后使用。

【储存方法】气调储存。

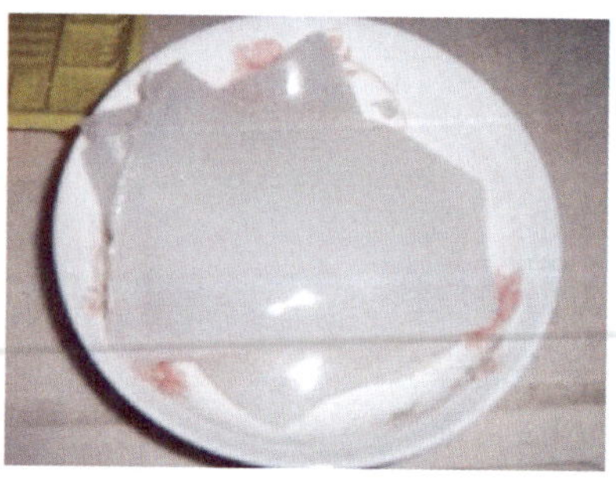

粉皮

3. 西米

西米又称西谷米，多用木薯粉加工而成，也有用小麦淀粉、玉米粉加工而成，或用棕榈科植物提取的淀粉制成，是一种加工米。

【种类】小西米、中西米和大西米。

【产地】产于印度尼西亚等地。

【产季】一年四季。

【特征特点】形似珍珠，主要成分是淀粉。

【烹饪应用】西米可做粥、羹和点心。

【品质鉴定】优质西米形状像珍珠，大小均匀，颗粒完整，不碎裂，无杂质。

【注意事项】西米用冷水泡发后不能用力搓洗。

【储存方法】气调储存。

西米

思考与练习

1. 粮食类原料分为哪几类？每一类又是如何细分的？
2. 简述常见的大米种类及其各自的烹饪应用。
3. 面粉根据加工精度和用途不同可分为哪几种？
4. 常用的豆类粮食有哪些？
5. 怎样鉴别大米、面粉质量的优劣？
6. 常用的豆制品有哪些？
7. 实地走访农贸市场，调查粮食类原料的分类，并写出调查报告。

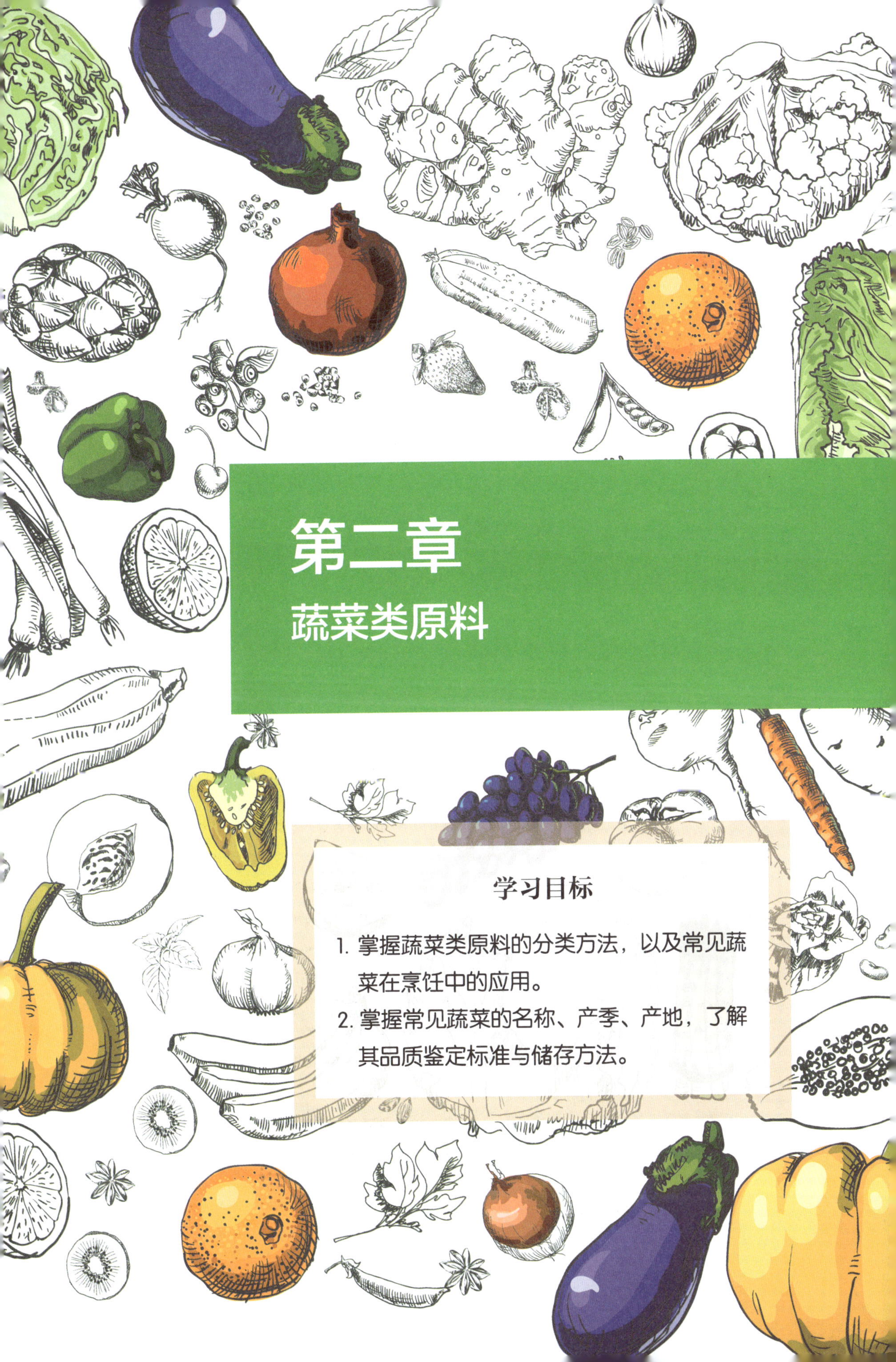

第二章

蔬菜类原料

学习目标

1. 掌握蔬菜类原料的分类方法，以及常见蔬菜在烹饪中的应用。
2. 掌握常见蔬菜的名称、产季、产地，了解其品质鉴定标准与储存方法。

蔬菜类原料种类繁多，运用广泛，是人类食物的重要组成部分。在烹饪中，蔬菜类原料按其食用部位不同可分为根菜类、茎菜类、叶菜类、花菜类、果菜类和食用菌类六大类，如下图所示。蔬菜类原料在烹饪中主要用于制作菜肴，也常用于制作馅心，还可用于食品雕刻及作为菜肴的装饰、配色原料和点缀。有些蔬菜可作为调味品使用，一些淀粉含量高的蔬菜可以代替粮食。

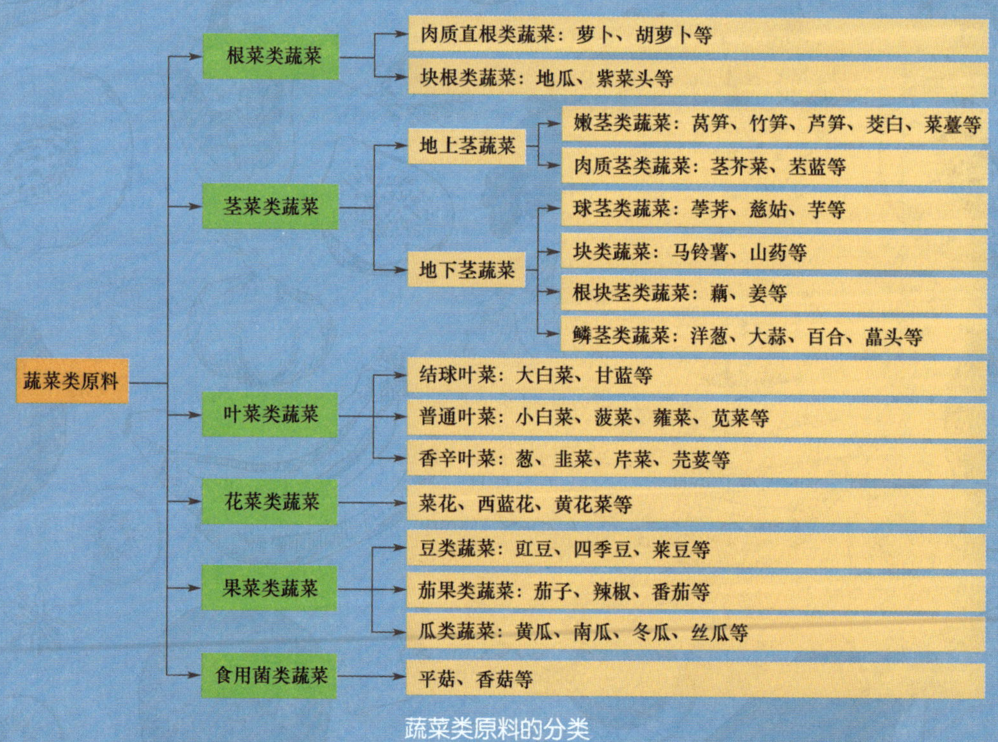

蔬菜类原料的分类

第一节　根菜类蔬菜

根菜类蔬菜是指以植物膨大的根部作为食用部位的蔬菜，简称根菜。根菜按其肉质根的生长形状不同，可分为肉质直根类蔬菜和块根类蔬菜两种。

一、肉质直根类蔬菜

1. 萝卜

萝卜又称莱菔、萝白、紫花松，属肉质直根类蔬菜。

【产地】产于全国各地。

【产季】因品种不同一年四季均产，其中冬季所产量大、质佳。

萝卜

【特征特点】皮色多样，质地脆嫩，含水分多，味甜而清香。

【烹饪应用】萝卜适于烧、拌、炒、炝、炖、煮、泡等。可生食，或用来制作小吃馅心。萝卜是食品雕刻的主要原料，可用于菜肴的装饰和点缀。萝卜经腌制后，可制成酱菜、萝卜干等。

【品质鉴定】优质萝卜大小均匀，无病虫害，无糠心、黑心和抽薹现象，新鲜脆嫩，无苦味。

【注意事项】烹调中注意保持脆嫩和甜鲜。萝卜主泻，胡萝卜为补，所以二者最好不要同食。若要一起食用应加些醋来调和，以利于营养吸收。

【储存方法】低温储存、气调储存、地窖储存。

2. 胡萝卜

胡萝卜又称红萝卜、黄萝卜、丁香萝卜等，属肉质直根类蔬菜。

【产地】产于全国各地。

【产季】一年四季，以秋末冬初所产为最佳。

【特征特点】色彩鲜艳，质细，脆嫩多汁，芳香甘甜。

【烹饪应用】胡萝卜适于拌、炒、烧、炖、煮、泡等。可生食，可用来制作面食，可加工成蜜饯、果酱、菜泥和饮料等。此外，胡萝卜也是配色、雕刻的原料。

【品质鉴定】优质胡萝卜表皮光滑，形态整齐，肉厚，无裂口和病虫害。

【注意事项】胡萝卜中所含的胡萝卜素是脂溶性物质，因此胡萝卜应用油炒熟或与肉类一起炖煮后食用，以利于营养吸收。

【储存方法】低温储存、气调储存、地窖储存。

胡萝卜

3. 根芥菜

根芥菜又称大头菜、疙瘩菜、芥辣、土大头、玉根等，属肉质直根类蔬菜。

【产地】产于全国各地，西南地区尤为普遍。

【产季】春季。

【特征特点】肉质根肥大，有圆锥、圆柱、扁圆等形状，上部为绿色，下部为灰白色，质地紧密脆嫩。鲜的根芥菜有特殊的辛辣味。

【烹饪应用】鲜根芥菜适于炒、煮、烧等，可以做汤，可以制成腌菜、泡菜、酱菜、干菜等。其腌制品是四川四大腌菜之一。

【品质鉴定】优质根芥菜形状端正，皮嫩而洁净，含水量少，无空心，无分叉。

【注意事项】炒、煮、烧制时应加热至熟软，腌、泡时应保持脆嫩。

【储存方法】低温储存、气调储存、地窖储存。

根芥菜

二、块根类蔬菜

1. 地瓜

地瓜又称豆薯、冷薯、沙葛、土瓜，属块根类蔬菜。

【产地】产于我国南方。

【产季】夏末、秋季。

【特征特点】形体膨大，呈纺锤形，块根肉呈白色，质脆嫩，甘甜多汁，含淀粉较多。

地瓜

【烹饪应用】地瓜适于炒、烧、炝、煮等，可作为一些菜肴的配料，也可作为食品雕刻原料。老的地瓜还可制取淀粉。

【品质鉴定】优质地瓜个头大而均匀，肉质脆嫩，甘甜多汁，肉色洁白，无伤痕，不霉烂。

【注意事项】去皮时直接用手撕去表皮即可。

【储存方法】低温储存、气调储存、地窖储存。

2. 紫菜头

紫菜头又称红菜头、根甜菜、甜菜根等，属块根类蔬菜。

【产地】产于我国东北和内蒙古地区。

【产季】夏末、秋季。

【特征特点】肉质根呈球形、扁圆形、卵圆形、纺锤形、圆锥形等，为紫红色。

【烹饪应用】紫菜头主要用于西餐，尤以俄式菜应用较多，如“红菜汤”等。紫菜头可切块、片后烧、炒成菜，还可生食或腌制。其根甜，可用于制糖。叶可作为蔬菜食用。

【品质鉴定】优质紫菜头形状整齐均匀，质地致密，无空心、烂心。

【注意事项】紫菜头含花青素等，色紫红而鲜艳，可使菜肴染色。

【储存方法】低温储存、气调储存、地窖储存。

紫菜头

第二节　茎菜类蔬菜

茎菜类蔬菜是指以植物的嫩茎或变态茎作为主要食用部位的蔬菜。茎菜类蔬菜按其生长环境不同可分为地上茎蔬菜和地下茎蔬菜两类。地上茎蔬菜主要包括嫩茎类蔬菜和肉质茎类蔬菜，地下茎蔬菜包括球茎类蔬菜、块茎类蔬菜、根茎类蔬菜和鳞茎类蔬菜。

一、地上茎蔬菜

1. 莴笋

莴笋又称莴苣、青笋、生笋、白笋、千金菜等，属地上嫩茎类蔬菜。

【产地】产于全国各地。

【产季】一年四季，以春初所产为最佳。

【特征特点】莴笋茎直立，呈棍棒状，肥大如笋。叶形因品种而异，有长椭圆形、舌形和披针形三种。颜色有绿、灰绿、紫红等。它质地脆嫩，清香鲜美。

【烹饪应用】莴笋适于烧、拌、炝、炒等，可作为汤菜、配料或食品雕刻的原料，可用于制作腌菜、酱菜等。

【品质鉴定】优质莴笋粗短，条顺，不弯曲，皮薄质脆，水分充足，不空心，不抽薹，表面无黄斑，不带老叶、黄叶。

【注意事项】烹调中要注意保持颜色，保持清香和脆嫩，盐要少放才好吃。

【储存方法】低温储存。

2. 竹笋

竹笋又称笋，属地上嫩茎类蔬菜。

莴笋

竹笋

【产地】产于我国南方。

【产季】春季、夏季、冬季，冬季所产品质最好。

【特征特点】竹笋表面有革质叶片，外壳硬；内部为肉质，色黄白，质脆嫩，味清鲜、微苦。

【烹饪应用】竹笋适于烧、炒、拌、煸、焖、烩等，可作为主料、配料或做点心馅心。竹笋可鲜食，也可加工成干制品和罐头。

【品质鉴定】优质竹笋新鲜质嫩，肉厚，节间短，肉质呈乳白色或淡黄色，未霉烂，无病虫害。

【注意事项】烹调时应剥去外皮，并除去老质部分。鲜食时应先焯水或焐油处理，以除去其中大量的草酸。

【储存方法】低温储存、气调储存。

3. 芦笋

芦笋又称露笋、石刁柏、龙须菜，属地上嫩茎类蔬菜。

【种类】按栽种方法不同，分为绿芦笋和白芦笋。

【产地】产于山东、浙江、天津、河南、福建等地。

【产季】夏季。

【特征特点】质地脆嫩，清香可口。

【烹饪应用】芦笋适于炒、烧、拌、扒、煨、烩等，可用于制作冷菜、热菜，可做荤菜的垫底、围边等。白芦笋还可制作罐头。

【品质鉴定】优质芦笋鲜嫩，条直，体形完整，尖端紧密，无空心，不开裂。

【注意事项】烹调时要注意保持颜色和脆嫩。芦笋不宜生吃，也不宜存放 1 周以上再吃。

【储存方法】低温储存、气调储存。

4. 茭白

茭白又称茭瓜、茭笋、茭荀、高笋，属地上嫩茎类蔬菜。

芦笋

茭白

【种类】分为高笋和禾笋。

【产地】主要产于长江以南各地，长江以北地区有零星栽种。

【产季】秋季。

【特征特点】茭白具有肥大嫩茎，肥嫩似笋，较笋柔嫩，质地脆嫩，味甜，被视为蔬菜中的佳品。

【烹饪应用】茭白适于炒、烧、焖、拌等，常作为荤菜的配料，也可用来制作馅心。

【品质鉴定】优质茭白嫩茎肥大，多肉，新鲜柔嫩，肉色洁白，无黑心，带甜味。

【注意事项】茭白在烹调时要保持脆嫩。茭白含有草酸，会影响人体对钙的吸收，所以茭白烹调前要用水煮或用沸水焯制，以除去草酸。

【储存方法】低温储存、气调储存。

5. 菜薹

菜薹又称菜心，属地上嫩茎类蔬菜。

【产地】产于全国各地，主要产于广东、广西等地。

【产季】冬末春初。

【特征特点】菜薹呈绿色，茎粗，叶茂盛，质地脆嫩，清香爽口。

【烹饪应用】菜薹适于炒、烧、拌、扒、烩等，可作为主料、配料，可做荤菜的围边、垫底，还可干制或腌制。

【品质鉴定】优质菜薹植株粗壮，无黄叶，无烂叶，不开花。

【注意事项】烹调时注意保持颜色、保持脆嫩。

【储存方法】低温储存。

6. 茎芥菜

茎芥菜又称青菜头、菜头、羊角菜，属地上肉质茎类蔬菜。

菜薹

茎芥菜

【产地】主要产于四川、浙江等地。

【产季】冬季。

【特征特点】肉质茎粗大，呈棒状或无规则的短圆柱形，皮色青绿，肉质脆嫩，具有特殊的芥菜香辣味。

【烹饪应用】茎芥菜适于炒、拌、腌、煮等。茎芥菜主要用来加工制作榨菜，制成品是四川四大腌菜之一，为我国著名特产。

【品质鉴定】优质茎芥菜个头大，肥厚，皮薄，无泥土，起包多，质地脆嫩。

【注意事项】烹调时要保持脆嫩。

【储存方法】气调储存。

7. 苤蓝

苤蓝又称球茎甘蓝、玉蔓箐、撇蓝、切莲，属地上肉质茎类蔬菜。

苤蓝

【产地】产于全国各地。

【产季】夏秋两季。

【特征特点】茎膨大呈球形，外皮为绿白色或紫色，肉为白色，质地脆嫩密实。

【烹饪应用】苤蓝适于拌、炒、炝、腌等，可单独成菜或作为荤菜配料，还可作为食品雕刻原料。

【品质鉴定】优质苤蓝皮薄，个头大，质地脆嫩。

【注意事项】烹调时要保持脆嫩，不宜炒得过熟，以生拌为好。

【储存方法】低温储存、气调储存。

二、地下茎蔬菜

1. 荸荠

荸荠又称地栗、马蹄、乌芋、地梨，属地下球茎类蔬菜。

【产地】产于长江以南地区。

【产季】冬季。

【特征特点】球茎呈扁圆球形，表面平滑，呈深栗色或枣红色，有环状节 3 ~ 5 圈，并有短喙状顶芽与侧芽聚生一起。它肉质洁白，味甜多汁，清脆可口。

【烹饪应用】荸荠适于炒、煎、烧、爆、炸等，多作为菜肴的配料，也可作为水果生食，还可以加工成淀粉或制作罐头。

【品质鉴定】优质荸荠个头大，新鲜，皮薄肉细，味甜质脆，无渣。

【注意事项】生食荸荠时要注意消毒，以防附着在表面的虫卵进入人体。烹调时要保持脆嫩、甜香。

【储存方法】低温储存、气调储存。

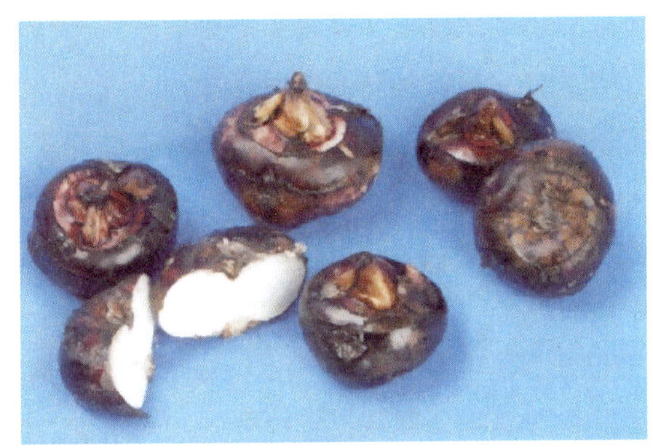

荸荠

2. 慈姑

慈姑又称燕尾草、华夏慈姑、白地粟、茨菰、剪头草，属地下球茎类蔬菜。

【产地】产于长江以南地区，主要产于太湖沿岸及珠江三角洲。

【产季】秋末冬初。

【特征特点】慈姑生于沼泽、水田或浅水沟中。其球茎膨大，呈圆形或长圆形，上有肥大顶芽，表面有几条环状节，呈浅黄色。它质地脆嫩，味甘甜，富含淀粉。

【烹饪应用】慈姑适于炒、烧、煨、炖、煮等，可生食或作为多种菜肴的配料，也可用于制作小吃。由于慈姑淀粉含量丰富，故可作为粮食的代用品，或用于制作淀粉。

【品质鉴定】优质慈姑体大多汁，甜味浓，无苦味，淀粉含量多，色白，耐储存。

【注意事项】烹调时一定要烹至熟软后食用。

【储存方法】气调储存。

3. 芋

芋又称芋艿、毛芋、芋头，属地下球茎类蔬菜。

慈姑

芋

【产地】产于全国各地。

【产季】秋季。

【特征特点】芋由母芋和子芋群生，两者表面均有棕黑色须根。芋肉黏液多，富含淀粉。母芋细脆，子芋软糯，具有独特的绵甜香味。

【烹饪应用】芋适于烧、烩、蒸、炖、煮等，可单独制作素菜，可作为辅荤菜的配料，还可用于制作小吃。

【品质鉴定】优质芋淀粉含量高，肉质绵软，香味浓郁，耐储存。

【注意事项】芋中含有黏液，能刺激皮肤发痒，因此在加工芋时注意不要使黏液触到皮肤。如加工时皮肤发痒，可用火烤、热水洗或生姜捣汁擦拭等方法解痒。烹调时一定要烹熟，以免其中的黏液刺激咽喉，导致不适。

【储存方法】气调储存。

4. 马铃薯

马铃薯又称土豆、地蛋、山药蛋、洋山芋，属地下块茎类蔬菜。

【产地】产于全国各地。

【产季】夏秋两季。

【特征特点】马铃薯呈圆形、长柱形、卵形或椭圆形，表皮通常有红、黄、白、紫等颜色，富含淀粉。

【烹饪应用】马铃薯适于烧、炒、炖、煎、炸、煮、蒸、烩、煨等，可用来制作主食或菜肴。它既可作为菜肴主料，又可用于制作馅心和糕点，还可用于食品雕刻。马铃薯还是生产淀粉和乙醇的原料。

【品质鉴定】优质马铃薯体大形正，整齐均匀，皮薄且光滑，芽眼较浅，肉质细密，味道纯正。

【注意事项】发芽和绿皮的马铃薯含有龙葵素，最好不要食用，以防中毒。马铃薯去皮后易变色，所以去皮后的马铃薯应泡入水中，以防发生褐变。

【储存方法】气调储存、地窖储存。

5. 山药

山药又称薯药、白山药、山芋、怀山药，属地下块茎类蔬菜。

马铃薯　　山药

【种类】品种多样，常见的有紫皮山药、白山药和麻山药。

【产地】产于全国各地，以河南的怀山药最为有名。

【产季】秋季。

【特征特点】地下茎呈圆柱形，为肉质块茎，茎肉为白色，质地硬脆细腻，富含淀粉。

【烹饪应用】山药适于炒、蒸、烩、扒、拔丝等，可用于制作特殊小吃品种，可作为蒸菜底料、食品雕刻原料，还可用于制作淀粉。

【品质鉴定】紫皮山药外皮为浅紫色，毛眼稀少而浅，质细，有黏液。白山药较短且粗，外皮为黄白色，皮薄质细，品质优良。麻山药多弯曲，较粗糙，质地疏松，水分大，口感粗，品质较次。

【注意事项】山药应去皮食用，以免产生麻、刺等异常口感。

【储存方法】气调储存、地窖储存。

6. 藕

藕又称莲藕、莲菜、菜藕、果藕，属地下根茎类蔬菜。

【种类】根据花的颜色不同，分为白花莲藕和红花莲藕两种。

【产地】产于全国各地。

【产季】秋季。

【特征特点】藕横生于泥土中，肉肥厚，味甜质脆。茎中有小孔数眼，折断处有藕丝相连。白花莲藕肉质脆嫩，汁多味甜；红花莲藕含淀粉多，肉质较粗。

【烹饪应用】藕适于炒、炸、拌、烧、炖、酿等，可用于制作藕夹、藕合等特殊菜肴，可作为水果生食，还可以加工成藕粉、蜜饯。

【品质鉴定】藕的地下根茎呈节状，多为 4 ~ 5 节，2 ~ 3 节的质量最佳。优质藕藕身肥大，肉质脆嫩，水分多而甜，带有清香味。

【注意事项】煮藕时忌用铁器，以免造成食物发黑。白花莲藕适于生食、拌、炝、炒等，红花莲藕适于烧、炖、煮、蒸等。

【储存方法】低温储存、气调储存。

7. 姜

姜又称生姜、黄姜，属地下根茎类蔬菜。

藕

姜

【种类】根据生长期不同，可分为老姜和嫩姜（又称子姜）。

【产地】产于我国中部和南部地区。

【产季】秋季。

【特征特点】根茎肥大，形状扁平，呈不规则的块状，横生分枝，枝顶有茎痕或芽。表面呈灰白色或黄色，灰白色的为大白姜，黄色的为小黄姜。大白姜有光泽，具有浅棕色环状节，质脆，有清淡的芳香味和一定的辛辣气味；小黄姜根块较小，芳香味浓郁，辛辣味重。老姜质老，辛辣味浓；嫩姜芳香辛辣兼具，质地脆嫩。

【烹饪应用】烹饪中一般仅将嫩姜作为蔬菜使用，成菜如“子姜炒肉片”等。老姜一般作为调味品使用，是烹调中除异味、增鲜味的重要调料。嫩姜适于炒、拌、泡、爆等。姜可腌渍、糖渍，可制姜汁、姜酒、姜油。

【品质鉴定】优质姜不带泥土，块大，根茎长而丰满，味浓，不烂，无虫伤，不干瘪。

【注意事项】烂姜、冻姜不要吃，因为姜变质后会产生致癌物。嫩姜在烹调时要保持脆嫩。

【储存方法】低温储存、气调储存。

8. 洋葱

洋葱又称玉葱、圆葱、元葱、葱头、胡葱，属地下鳞茎类蔬菜。

【产地】产于全国各地。

【产季】春夏两季。

【特征特点】洋葱近似圆球形，皮多数为红白色，内部层层紧裹，质地脆嫩，味辛辣而微甜。

【烹饪应用】洋葱适于炒、拌、泡、煎、爆等，多作为配料使用，洗净后可生吃。洋葱是西餐的主要蔬菜之一。

【品质鉴定】优质洋葱肥大体圆，外皮有光泽，无损伤，鳞片紧密，不抽薹，具有辛辣回甜味。

【注意事项】拌时要保持脆嫩，制作热菜时要加热至熟。

【储存方法】气调储存。

9. 大蒜

大蒜又称蒜头、胡蒜、独蒜，属地下鳞茎类蔬菜。

洋葱

大蒜

【种类】品种较多，按皮色不同分为白皮蒜和紫皮蒜，按蒜瓣的多少分为大瓣种和小瓣种。

【产地】产于全国各地。

【产季】春末夏初。

【特征特点】大蒜呈扁圆球形或短圆锥形，外皮为灰白或紫红色，内有 6 ~ 10 个蒜瓣（独蒜不分蒜瓣），辣味浓厚。

【烹饪应用】大蒜是重要的调味料，要剥去外皮使用。大蒜具有增加风味、去腥除异、杀菌消毒的作用，与葱、姜、辣椒并称为“调味四辣”。大蒜可凉拌生食、糖渍、腌渍或制成大蒜粉，也可作为蔬菜烧、炒成菜。

【品质鉴定】优质大蒜瓣大，辛香味浓，无油，无虫蛀，尤以独蒜为最佳。

【注意事项】大蒜所含的辣椒素怕热，遇热后很快分解。过量食用大蒜会影响视力。

【储存方法】低温储存、气调储存。

10. 百合

百合又称蓬花、蒜脑、夜百合，属地下鳞茎类蔬菜。

【产地】产于我国北方及长江流域。

【产季】秋季。

【特征特点】鳞茎有球形、扁球形或宽卵形，片状鳞层抱合紧密，呈白色。其肉

质地肥厚，味甜香爽口。

【烹饪应用】百合适于炒、烧、蒸、炖、熘等，常用于制作甜菜，可作为菜肴的配料，可煮粥或提取淀粉制作糕点，可制作蜜饯。百合为药膳的常用原料。

【品质鉴定】优质百合鳞茎完整，色味纯正，无泥土，无损伤。

【注意事项】百合虽营养丰富，但也不宜多吃。

【储存方法】气调储存。

11. 藠头

藠头又称荞头、薤，属地下鳞茎类蔬菜。

百合

藠头

【产地】产于广西、贵州、湖南、江西等地。

【产季】夏季。

【特征特点】鳞茎为短纺锤形，中空，色白，上部稍带紫色。质脆嫩，味辛香。

【烹饪应用】藠头适于炒、拌、泡等，也可作为一些菜肴的配料。

【品质鉴定】优质藠头鳞茎粗大，质地脆嫩，辛香味浓。

【注意事项】烹调时宜保持脆嫩。

【储存方法】低温储存。

第三节　叶菜类蔬菜

叶菜类蔬菜是指以植物的叶片或叶柄作为主要食用部位的蔬菜。叶菜类蔬菜主要分为结球叶菜、香辛叶菜和普通叶菜三类。

一、结球叶菜

1. 大白菜

大白菜又称黄秧白、卷心白、黄芽菜、结球白菜、牙菜、松菜，属结球叶菜类蔬菜。

【产地】产于全国各地，以山东、河北所产为佳。

【产季】秋季。

【特征特点】叶生于短缩茎上，片薄且大，呈椭圆或长圆形，为浓绿或浅绿色，中心菜叶为白、绿白或浅黄白色。大白菜味甘甜，柔嫩适口。

【烹饪应用】大白菜适于炒、炝、拌、熘、烧、煮、腌等，可做汤和馅心，也是加工泡菜和干菜的原料。

【品质鉴定】优质大白菜包心紧实，外形整齐，无老帮、黄叶和烂叶，不带须根和泥土，无病虫害和机械损伤。

【注意事项】烹调中应注意保持甜鲜，不宜用浸烫后挤汁的方法，以避免营养成分大量损失。

【储存方法】低温储存、气调储存、地窖储存。

2. 甘蓝

甘蓝又称莲花白、卷心菜、洋白菜、包心菜等，属结球叶菜类蔬菜。

大白菜

甘蓝

【种类】按叶球形状不同可分为尖头型、平头型和圆头型。

【产地】产于全国各地。

【产季】春季、秋季、冬季，以冬季所产为佳。

【特征特点】叶片厚，叶柄短。整体为卵圆形，呈蓝绿色。叶心包成球形，呈黄白色。肉质脆嫩，味甜美。

【烹饪应用】甘蓝适于炒、炝、煮、熘、泡、腌等，可作为菜肴主料、辅料或馅心原料。

【品质鉴定】优质甘蓝新鲜干净，叶片肥大，结球坚实，无烂叶，无病虫害和损伤。

【注意事项】烹调时应保持脆嫩、清香、甜鲜。

【储存方法】低温储存、气调储存。

二、普通叶菜

1. 菠菜

菠菜又称菠棱菜、波斯菜、赤根菜、雨花菜、鹦鹉菜，属普通叶菜类蔬菜。

【产地】产于全国各地。

【产季】春秋两季。

【特征特点】主根粗长，呈赤色，味甜。叶片光滑，呈椭圆形或箭形，为浓绿色。叶柄长而多肉。

【烹饪应用】菠菜适于炒、氽、拌、烫等，可作为菜肴的配料，可做菜肴垫底、围边，还可做点心馅心。

【品质鉴定】优质菠菜呈浓绿色，叶茎不老，根呈红色，不抽薹开花，不带黄叶、烂叶，无虫眼。

【注意事项】烹调中注意保持颜色，保持脆嫩。菠菜不能直接烹调，因其含草酸较多，有碍于人体对钙的吸收。加工菠菜时，宜先用沸水焯制，以除去草酸后再烹制。

【储存方法】低温储存。

2. 小白菜

小白菜又称小油菜、油白菜、青菜，属普通叶菜类蔬菜。

菠菜

小白菜

【产地】产于全国各地。

【产季】一年四季，以春秋所产为最佳。

【特征特点】植株短小，茎短缩，叶片呈卵圆形或长椭圆形，有浅绿、深绿两种颜色。叶柄扁宽。质脆嫩，味清香。

【烹饪应用】小白菜适于炒、拌、烧、煮等，可作为配料，可做菜肴围边、垫底，还可做点心馅心。小白菜还是制作腌菜的重要原料。

【品质鉴定】优质小白菜色绿，质嫩，无黄叶、烂叶，不带根，无虫蛀。

【注意事项】烹调时应注意保持颜色、保持脆嫩和清香。用小白菜制作菜肴时，烹制时间不宜过长，以免损失营养成分。

【储存方法】低温储存。

3. 瓢儿菜

我国北方称瓢儿菜为油菜，它属普通叶菜类蔬菜。

【产地】产于全国大部分地区。

【产季】冬季、春季所产为佳。

【特征特点】叶片肥厚，有光泽，呈深绿色或墨绿色。叶柄呈浅绿色。质脆嫩，清香味浓厚。

【烹饪应用】瓢儿菜适于炒、炝、煮、烧等，也可作为多种菜肴的配料。

【品质鉴定】优质瓢儿菜叶片紧抱，无黄叶，不抽薹，鲜嫩。

【注意事项】烹制时应选用嫩心部分，保持清香。

瓢儿菜

【储存方法】低温储存。

4. 叶芥菜

叶芥菜又称辣菜、春菜，属普通叶菜类蔬菜。

【产地】产于全国各地。

【产季】冬末春初。

【特征特点】植株较大，叶呈绿色。叶柄宽大光滑，具有瘤状突起。肉质细密，有辛辣味。

【烹饪应用】叶芥菜适于炒、拌、烧、烩、炝、泡、腌等。叶芥菜经腌制后风味更佳，是制作酸菜的优质原料。

【品质鉴定】优质叶芥菜叶柄厚实，色深绿，质脆嫩，不抽薹。

【注意事项】鲜食时宜选用嫩心，烹调时应注意保持颜色、保持脆嫩。

【储存方法】气调储存。

5. 苋菜

苋菜又称苋、赤苋、雁来红，属普通叶菜类蔬菜。

叶芥菜

苋菜

【种类】按照颜色不同可分为绿苋菜、紫苋菜和白苋菜。

【产地】产于全国各地。

【产季】春季。

【特征特点】茎肥大，叶呈卵形或菱形，质地柔嫩。

【烹饪应用】苋菜适于炒、拌、做汤等。

【品质鉴定】优质苋菜质地柔嫩，具有色泽鲜艳的幼苗嫩茎和嫩叶，无虫蛀，无须根。

【注意事项】烹调时间不宜过长。炒制时加几瓣大蒜，可增加苋菜的风味。

【储存方法】低温储存。

6. 软浆叶

软浆叶又称落葵、木耳菜、胭脂菜、西洋菜、藤菜、豆腐菜、紫果叶，属普通叶菜类蔬菜。

【产地】产于我国南方各地。

【产季】夏秋两季。

【特征特点】茎为淡绿色，叶为绿色，花为白色，叶片呈卵圆形或长卵圆披针形。软浆叶口感滑润，清香爽口。

【烹饪应用】软浆叶适于炒、烫、拌或做汤等。

【品质鉴定】优质软浆叶具有茎部粗短的幼苗或嫩叶、嫩梢，无烂叶，叶片上无紫红点。

【注意事项】烹调时注意保持颜色，宜旺火快炒，如果炒的时间长了易生出黏液。

【储存方法】低温储存。

7. 冬寒菜

冬寒菜又称冬葵叶、葵菜、露葵、滑肠菜、冬苋菜，属普通叶菜类蔬菜。

软浆叶

冬寒菜

【产地】产于我国南方各地。

【产季】冬季。

【特征特点】叶近乎圆形，叶表有茸毛，色深绿。烹制后质地柔滑，气味清香。

【烹饪应用】冬寒菜适于烧、煮、炒等，最宜做汤。

【品质鉴定】优质冬寒菜植株短小，叶呈浅绿色，质嫩，无烂叶，无虫蛀。

【注意事项】烹调时间宜较长，以突出其软滑的特点。

【储存方法】低温储存。

8. 蕹菜

蕹菜又称空心菜、腾腾菜、瓮菜、空筒菜、竹叶菜，属普通叶菜类蔬菜。

【种类】蕹菜有大蕹菜和小蕹菜之分。

【产地】产于全国各地。

【产季】夏季。

【特征特点】茎蔓生，中空，有节，节上能生不定根。叶呈长心形或戟形，色翠绿，叶柄长。肉质脆嫩，味清香。

【烹饪应用】蕹菜适于炒、拌、炝等，可作为菜肴的配色原料，也可作为馅心原料。

【品质鉴定】大蕹菜叶密，质地脆嫩，质量最好；小蕹菜茎长，叶疏，质地脆嫩而略黏滑，质量稍次。

【注意事项】烹调时应保持脆嫩、保持颜色，宜用旺火快炒的方法。

【储存方法】低温储存。

9. 生菜

生菜又称叶用莴苣、白苣、石苣、千层剥，属普通叶菜类蔬菜。

蕹菜

生菜

【产地】产于广东、广西、北京、上海及东北的中部地区。

【产季】春末、夏季。

【特征特点】植株矮小，叶为扁圆、卵圆或狭长形，呈绿色或黄绿色。有些品种芯叶有结球，属于结球叶菜。它口感脆嫩，味微甜，有清香。

【烹饪应用】生菜适于炒、拌等，尤以生拌风味较佳，也可作为冷盘点缀或其他菜肴的配料及汤菜用料。

【品质鉴定】结球形的生菜质量最佳。

【注意事项】烹调时应保持脆嫩、清香。

【储存方法】低温储存。

10. 茼蒿

茼蒿又称蓬蒿、春菊、蒿子秆、菊花菜，属普通叶菜类蔬菜。

【种类】按叶的大小分为大叶茼蒿和小叶茼蒿。

【产地】产于全国各地。

【产季】冬春两季。

【特征特点】质地柔嫩，具有特异的香味。大叶茼蒿叶宽大而肥厚，嫩茎短而粗，品质佳；小叶茼蒿叶狭小而薄，嫩枝细，但香味浓。

【烹饪应用】茼蒿适于炒、拌、煮等，可用于制作汤菜，可做菜肴围边、垫底。

【品质鉴定】优质茼蒿茎叶嫩肥，无烂叶、腐叶，无病虫害和损伤。

【注意事项】烹调时应保持颜色。

【储存方法】低温储存。

11. 莼菜

莼菜又称水荷叶、湖菜，属普通叶菜类蔬菜。

茼蒿

莼菜

【种类】按颜色不同分为红花和绿花两个品种。

【产地】产于黄河以南的池沼湖泊中，西湖所产莼菜质量最佳。

【产季】夏季。

【特征特点】莼菜嫩梢和初生卷叶为食用部分，成菜有色绿、脆嫩、肥美滑爽、清香的特点。红花品种叶背、嫩梢和卷叶均为暗红色；绿花品种叶背为暗红色，嫩梢和卷叶为绿色。

【烹饪应用】莼菜适于拌、煸、炒等，最宜做汤、羹，也可作为多种菜肴的配料。

【品质鉴定】优质莼菜色绿，滑软细嫩。

【注意事项】因为莼菜与铁器接触会变黑，所以在烹调时忌用铁质炊具烹制。

【储存方法】低温储存。

12. 豌豆尖

豌豆尖又称豌豆苗，为叶用豌豆的嫩梢或幼苗，属普通叶菜类蔬菜。

【产地】主要产于我国南方。

【产季】冬春两季。

【特征特点】颜色翠绿，质地柔嫩，味甜清香，营养丰富。

【烹饪应用】豌豆尖多用于清炒、制汤、凉拌、涮火锅等。

【品质鉴定】优质豌豆尖颜色翠绿，新鲜，无黄叶，无虫卵，叶嫩。

【注意事项】烹调时应注意保持颜色，宜旺火快炒，如果炒制时间长易脱水。

【储存方法】低温储存、气调储存。

13. 荠菜

荠菜又称护生草、鸡心菜、烟盒草等，属香辛叶菜类蔬菜。

豌豆尖

荠菜

【产地】多为野生，在我国温带地区较为常见。

【产季】以冬末春初所产为佳。

【特征特点】根呈羽状分裂，多卷缩，展平后呈披针形，顶端裂片较大，边缘有粗齿。表面多为灰绿色或枯黄色，有的为棕褐色，易碎。茎生叶多呈长圆形，基部有耳状抱茎叶。其叶翠绿、鲜嫩、味美。

【烹饪应用】荠菜有一种特有鲜香。摘去嫩株根部与基部老叶，洗净后即可使用。荠菜可炒，可焯后切碎再拌、炝，可用于制汤、羹，还可做馅。

【品质鉴定】不带花的荠菜比较鲜嫩，以单棵生长的为好。

【注意事项】荠菜不宜久烧久煮，长时间加热会破坏其营养成分，也会使其颜色变黄。

【储存方法】低温储存、气调储存。

三、香辛叶菜

1. 椿芽

椿芽又称香椿，属普通叶菜类蔬菜。

【产地】产于全国各地。

【产季】春季。

【特征特点】椿芽不是专门种植的蔬菜，而是香椿树的嫩芽。其叶片相对而生，表面为淡绿色，背面为紫色，有光泽，香味浓郁，茎细而多枝。

【烹饪应用】椿芽适于蒸、炒、炝、拌等，可作为菜肴的主料或辅料，也可腌制后食用。

【品质鉴定】优质椿芽枝肥质嫩，枝内无筋，芳香味浓，色泽红艳。

【注意事项】烹调时注意加热时间不宜过长，否则风味大损；用量也不宜过多。

【储存方法】低温储存。

2. 韭菜

韭菜又称起阳草、懒人菜，属香辛叶菜类蔬菜。

椿芽　　韭菜

【产地】产于全国各地。

【产季】春季、夏季，以春季所产为佳。

【特征特点】茎粗而白，叶细长、扁平且柔软，表面光滑，叶色深绿，味清香。

【烹饪应用】韭菜适于炒、拌、炝等，也可用于制作面点的馅心。

【品质鉴定】优质韭菜植株粗壮鲜嫩，叶肉肥厚，无烂叶、黄叶，中心不抽薹。

【注意事项】隔夜的熟韭菜不宜再吃。

【储存方法】低温储存、气调储存。

3. 芹菜

芹菜又称芹、药芹、旱芹、香芹、蒲芹，属香辛叶菜类蔬菜。

【种类】根据叶柄形态不同可分为本芹和西芹，根据叶柄颜色不同可分为青芹和白芹。

【产地】产于全国各地。

【产季】一年四季，以秋末和冬季所产为最佳。

【特征特点】本芹叶柄细长，中空或实心，质地脆嫩，有特殊的芳香味；西芹柄宽扁且肥厚，多为实心，味淡，质地脆嫩。

芹菜

【烹饪应用】芹菜适于炒、炝、拌等，也可用于制作馅心或腌制、泡制小菜，有时还可作为调味料。

【品质鉴定】优质芹菜叶柄充实肥嫩，不带老梗和黄叶，呈鲜绿或洁白色，清香味浓厚，无花薹。

【注意事项】烹调时应保持脆嫩、保持颜色，西芹应去筋。

【储存方法】低温储存、气调储存、假植储存。

4. 芫荽

芫荽又称香菜、胡荽、香荽、松须菜，属香辛叶菜类蔬菜。

【产地】产于全国各地。

【产季】春季、秋季、冬季，以春季所产为佳。

【特征特点】叶柄较短，色绿。含有挥发性油，芳香味特别浓郁。

【烹饪应用】芫荽以生食为主，多用于拌、煮，可辅助调味增香。

【品质鉴定】优质芫荽叶柄粗壮，呈青绿色，香气浓郁，无烂叶，不抽薹。

【注意事项】烹调时应突出其特有的清香味，保持脆嫩。

【储存方法】低温储存、气调储存。

5. 茴香

茴香又称茴香菜、小丝菜，属香辛叶菜类蔬菜。

芫荽

茴香

【产地】主要产于我国北方。

【产季】一年四季，北方夏季盛产。

【特征特点】茎直立，细小，有分枝。叶色浓绿，叶呈丝状。全株有粉霜和强烈的芳香气味。

【烹饪应用】茴香多用于炒制菜肴，也可用于制作馅心、菜肴装饰料和调味料。

【品质鉴定】优质茴香色绿，味香，体茂。

【注意事项】烹调时注意用量。

【储存方法】气调储存。

6. 葱

葱又称葱白或香葱，属香辛叶菜类蔬菜。

【种类】分为大葱和小葱。

【产地】产于全国各地。

【产季】春秋两季。

【特征特点】茎为黄白色，质地脆嫩。叶为圆筒形，前端尖，中空，呈油绿色。葱含有挥发性油，具有特殊的辛香味。大葱可做菜，小葱多作为香辛调味料。

【烹饪应用】葱适于炒、烧、扒、拌等，可生食，也可用于制作馅料。葱是重要的调味料，除有去腥增香的作用外，还能改善食品的风味。

【品质鉴定】优质葱茎粗长，质细嫩，叶茎包裹层次分明。作为调料时，以辛香味浓的为佳。

【注意事项】葱不能与蜂蜜同食。

【储存方法】低温储存、气调储存、假植储存。

7. 蒜苗

蒜苗又称青蒜，属香辛叶菜类蔬菜。

葱

蒜苗

【产地】产于全国各地。

【产季】秋末冬初。

【特征特点】茎呈圆柱形，为青白色。叶为实心，形状扁平，为绿色或灰绿色，有独特的香辣味。

【烹饪应用】蒜苗适于炒、烧等，也可作为菜肴的配料，起调味作用。

【品质鉴定】优质蒜苗是能抽薹的大蒜长成的香蒜苗。它香味浓郁，株条整齐均匀，无烂叶、黄叶，根须不带泥土。

【注意事项】烹调时一定要加热至成熟，以免有很强的辛辣味。

【储存方法】低温储存、气调储存。

第四节　花菜类蔬菜

花菜类蔬菜是指以植物的花部器官作为主要食用部位的蔬菜。

一、菜花

菜花又称花椰菜、花菜，属花菜类蔬菜。

【产地】产于全国各地。

【产季】冬春两季。

【特征特点】叶片呈长卵圆形，前端稍尖，叶柄稍长。茎顶端形成白色肥大花球，为原始的花轴和花蕾。整体呈半圆球状，质地细嫩，滋味鲜美，食用后极易消化。

【烹饪应用】菜花适于炒、烩、焖、拌等，可用于制作汤菜，有时也作为菜肴的配色料、配形料，还可酱渍、酸渍或制成泡菜。

【品质鉴定】优质菜花花球颜色洁白，肉厚而细嫩，花柱细，无病伤，不腐烂。

【注意事项】不要炒或煮至过烂。

【储存方法】低温储存、气调储存。

二、西蓝花

西蓝花又称青花菜、绿花菜、茎椰菜，属花菜类蔬菜。

【产地】产于全国各地，云南、广东、福建、北京、上海等地较常见。

菜花

西蓝花

【产季】冬季。

【特征特点】主茎顶端形成绿色或紫色的肥大花球，表面小花蕾松散，不及菜花紧密，茎较长。它质地脆嫩，味清香，风味较菜花更鲜美。

【烹饪应用】西蓝花适于炒、拌、炝、烩、烧、扒等，可作为菜肴的配色原料或围边点缀原料。西蓝花是西餐的主要原料之一。

【品质鉴定】优质西蓝花呈深绿色，质地脆嫩致密，无腐烂，无虫伤。

【注意事项】烹调时间不宜过长，注意保持脆嫩、保持色泽。

【储存方法】低温储存、气调储存。

三、黄花菜

黄花菜又称金针菜、黄花，属花菜类蔬菜。黄花菜与木耳、香菇、冬笋并称为四大素山珍。

【产地】产于全国各地，主要产于云南、湖南、江苏、四川、山西、浙江等地。

【产季】夏季。

【特征特点】花位于茎的顶端，每株有 2 ~ 3 朵。以临近开放的新鲜花蕾或蒸制成熟的干花蕾供食用。干品花蕾色黄似金针，故称金针菜，它柔嫩而有弹性，具有特殊的清香味。其鲜品是在花蕾未开放时（此时花色鲜黄，质量佳）采摘的，具有浓郁的山野异香。

【烹饪应用】黄花菜适于炒、煮、熘等，多作为菜肴配料。

【品质鉴定】优质黄花菜鲜嫩色黄，不干不蔫，花未开放，无杂质，洁净。

【注意事项】由于鲜黄花菜中含有秋水仙碱，食用后会在体内氧化成有很大毒性的物质（二秋水仙碱），故烹调鲜黄花菜时要煮透，或先用热水浸泡数小时，以除去秋水仙碱。

【储存方法】低温储存、气调储存。

四、韭菜花

韭菜花又称韭菜薹，为韭菜的花和茎，属花菜类蔬菜。

黄花菜　　韭菜花

【产地】产于全国各地。

【产季】秋季。

【特征特点】花、茎从叶丛中抽出，呈三棱棍形，花蕾紧抱或散开，茎秆为深绿色，口感脆嫩，清香且辛味浓厚。

【烹饪应用】韭菜花适于炒、炝、拌等，常作为菜肴配料使用。

【品质鉴定】优质韭菜花茎秆粗壮，呈浅绿色，以花未开放的嫩品为佳。

【注意事项】韭菜花应摘去花蕾后食其茎秆，烹调时注意保持脆嫩，保持色泽。

【储存方法】低温储存、气调储存。

五、油菜薹

油菜薹又称红油菜、云薹，属花菜类蔬菜。

【产地】产于我国南方各地。

【产季】秋冬两季。

【特征特点】茎粗壮，表面光滑，呈紫红色或红色，质地细嫩。花蕾为黄色，呈疏散状。

【烹饪应用】油菜薹适于炒、拌、炝等。

【品质鉴定】优质油菜薹茎呈紫红色，粗壮均匀，质地细嫩，茎心不空，花蕾未开。

【注意事项】油菜薹使用前应撕去外皮。

【储存方法】低温储存、气调储存。

六、蒜薹

蒜薹又称蒜梗，属花菜类蔬菜。

油菜薹

蒜薹

【产地】产于全国各地。

【产季】冬末春初。

【特征特点】蒜薹呈圆条状，为绿色，基部略粗，上部略细，顶有尖苗，花蕾在尖苗下。蒜薹质地脆嫩，具有特殊辛香味。

【烹饪应用】蒜薹适于炒、拌、炝、熘、泡等，也可作为菜肴的配料。

【品质鉴定】优质蒜薹茎条粗细均匀，呈浅绿色，无损伤。

【注意事项】蒜薹要摘去尖苗和基部质老部位后使用，烹调时应注意保持脆嫩。

【储存方法】低温储存、气调储存。

第五节　果菜类蔬菜

果菜类蔬菜是指以植物的果实或幼嫩的种子作为主要食用部位的蔬菜。依食用果实的构造特点不同，可将果菜类蔬菜分为豆类蔬菜、茄果类蔬菜和瓜类蔬菜三类。

一、豆类蔬菜

1. 豇豆

豇豆又称长豆、长豆角、线豆角、带豆、裙带豆、饭豆，属豆类蔬菜。

【种类】按荚果颜色不同可分为青荚类豇豆、白荚类豇豆和红荚类豇豆三类。

【产地】产于全国各地。

【产季】夏季。

【特征特点】青荚类豇豆嫩荚细长，呈浓绿色，肉质紧实、脆嫩；白荚类豇豆嫩荚肥大，呈青白色，肉薄，质地较疏松；红荚类豇豆豆荚呈紫红色，较短。

【烹饪应用】豇豆适于炒、烧、煮、蒸、焖、拌等，也可加工成腌菜、酱菜、泡菜或干菜。其老熟种子可用来制作豆饭等粥饭类食品。

【品质鉴定】用于加工成腌菜、酱菜、泡菜或干菜的豇豆，应选用豆荚幼嫩细小，肉质紧实、种仁尚未长成或长得很小的豇豆。用其他方法烹调时，应选择豆荚肥大、呈浅绿或绿白色、无虫蛀、根条均匀的豇豆。

【注意事项】豇豆摘下后应尽快食用，储存时间过长会产生“走籽”现象，品质降低。烹调前应撕去荚筋。

【储存方法】低温储存、气调储存。

2. 四季豆

四季豆又称菜豆、芸豆、豆角、玉豆、架豆、肉豆，属豆类蔬菜。

豇豆　　四季豆

【产地】产于全国各地。

【产季】夏至到立秋间。

【特征特点】豆荚断面扁平或近圆形，呈绿色或黄色，肉质细嫩，味清香。

【烹饪应用】四季豆适于炒、烧、焖、煸、拌等，老的种子也可用于制作豆沙、豆泥。

【品质鉴定】优质四季豆豆荚鲜嫩肥厚，折之易断，呈鲜绿色，无虫蛀、斑点。

【注意事项】烹调前应将豆荚两边的筋摘除，烹调加热时间应稍长，以保证四季豆彻底熟透，这样才能破坏豆中所含的皂苷等有毒成分，避免中毒。

【储存方法】低温储存、气调储存。

3. 扁豆

扁豆又称眉豆、蛾眉豆、鹊豆，属豆类蔬菜。

【产地】主要产于我国南方，华北次之。

【产季】夏秋两季。

【特征特点】豆荚宽大扁平，有白、绿、紫红等颜色。扁豆主要食用豆荚，有时也可剥取种仁食用。

【烹饪应用】扁豆适于炒、烧、煮、蒸、焖等。种仁可用来制作甜菜，也可用来制作豆沙馅。扁豆还可以腌制、酱制以及制作泡菜。

【品质鉴定】优质扁豆为浅白色，豆荚肥厚，籽小而扁平，豆筋少，无虫蛀。

【注意事项】扁豆中含有毒蛋白及皂苷，因此在烹调前应用冷水泡或焯水。

【储存方法】低温储存、气调储存。

4. 蚕豆

蚕豆又称胡豆、罗汉豆、佛豆，属豆类蔬菜。

扁豆

蚕豆

【产地】产于长江以南各地，西北高寒地带栽种也较普遍。

【产季】春季。

【特征特点】蚕豆嫩时为翠绿色，稍老时为黄绿色，肉质软糯，鲜美微甜。

【烹饪应用】蚕豆适于炒、烧、煮、烩、拌等。去掉种皮后可作为菜肴的配料或用来制泥、茸等。成熟的种子富含淀粉、蛋白质，可以用来制作粉丝、粉条，也可作为粮食食用，还是制作多种炒货的原料。蚕豆还可发酵后制成豆酱。

【品质鉴定】优质蚕豆色绿，颗粒肥大饱满，无虫蛀，无损伤。

【注意事项】烹调时以熟软为好。

【储存方法】低温储存、气调储存。

5. 莱豆

莱豆又称棉豆、荷包豆、洋扁豆，属豆类蔬菜。

【种类】分为大莱豆、小莱豆两种。

【产地】主要产于广东、福建、广西、云南等地，上海、江苏也有少量栽种。

【产季】夏季。

【特征特点】豆粒柔嫩味甜。

【烹饪应用】莱豆适于炒、烧、煮、炸等，还可干制或加工成罐头。

【品质鉴定】优质莱豆粒形肥大饱满，无虫蛀，无损伤。

【注意事项】因其种仁中含有产生氰的糖苷，故食用前须用水浸泡后用沸水煮。

【储存方法】低温储存、气调储存。

6. 刀豆

刀豆又称大刀豆、中国刀豆，属豆类蔬菜。

【种类】分为蔓生刀豆和矮生刀豆两种。

莱豆

刀豆

【产地】产于全国各地。

【产季】秋季。

【特征特点】刀豆质地柔嫩，肉厚味鲜。

【烹饪应用】刀豆适于炒、烧、煮等，也可用于制作腌菜、酱菜，干的种仁可煮食或磨粉后制作糕点。

【品质鉴定】优质刀豆质嫩，肉荚肥厚，无虫蛀。

【注意事项】烹制时间应稍久，以突出质地柔嫩的特点。

【储存方法】低温储存、气调储存。

7. 豌豆

豌豆又称回豆、荷兰豆、麦豆，属豆类蔬菜。

【种类】按豆荚结构不同可分为硬荚类豌豆和软荚类豌豆两类。

【产地】产于全国各地。

【产季】春夏两季。

【特征特点】豆粒大多呈圆球形，也有椭圆形等形状。干豌豆豆质坚硬，有黄、褐、绿、红、白等颜色，具有口味清香、质地软糯的特点。硬荚类豌豆的豆荚不可食用，以种子（即青豆粒）供食；软荚类豌豆所结嫩荚清香质嫩，略带甜味。豌豆嫩梢也可食用，是优质的鲜菜，称为豆苗，它柔软细嫩，味清香。

【烹饪应用】豌豆荚适于炒、烧、煮、焖、熘、烩等。嫩豌豆（青豆）适于炒、烧、烩、做汤等，可作为菜肴的配料，有时可用来配色。豌豆苗适于炒、炝、涮、做汤等，可做菜肴的围边或垫底。豌豆老熟的籽可当粮食，还可加工成粉丝、粉皮等。

豌豆

【品质鉴定】豌豆荚以荚肉肥厚、扁宽、豆筋少、色深绿者为佳，嫩豌豆以颗粒饱满均匀、色翠绿者为佳，豌豆苗以叶茎粗壮且嫩、色碧绿者为佳。

【注意事项】烹制嫩豌豆时应保持颜色，且使其软糯。烹制豌豆苗时应旺火快炒，以保嫩保色。

【储存方法】低温储存、气调储存。

二、茄果类蔬菜

1. 茄子

茄子又称茄瓜、矮瓜、落苏、呆菜子、昆仑瓜，属茄果类蔬菜。

【产地】产于全国各地。

【产季】夏秋两季。

【特征特点】茄子形状较多，有球形、扁球形、长条形、长卵形等，颜色有黑紫、紫、紫红、绿、绿白或白色等，果皮为蜡质。茄子品种极多，性质有所差异，但一般果肉都为白色，质地软嫩。

【烹饪应用】茄子适于炒、烧、烩、拌、煎、蒸、煮、干煸等，可用来制作腌制品与酱制品，还可以干制。

【品质鉴定】优质茄子果形端正，有光泽，老嫩适度，无裂口，皮薄籽少，果肉厚实且细嫩。

【注意事项】秋季所产质老的茄子要去皮。

【储存方法】低温储存、气调储存。

茄子

2. 辣椒

辣椒又称番椒、大椒、辣子、海椒，属茄果类蔬菜。

【种类】根据辣味的大小，可分为甜椒和辛椒两类。

【产地】产于全国各地，主要产于贵州、四川、湖南等地。

【产季】夏秋两季。

【特征特点】辣椒有许多品种。其嫩果未成熟时为绿色，称为青椒；成熟后一般为红色或橙黄色，称为红椒。辣椒表面光滑，形状各异，有圆形、圆锥形、长方形、长角形和灯笼形等。甜椒一般仅用作蔬菜，味甜，肉厚，果形大，产量高，耐储存、运输；辛椒果形较小，肉薄，辛辣味浓烈，除作蔬菜外，干制后的辛椒还广泛用作调料。

【烹饪应用】辣椒适于炒、烧、拌、煎、爆、熘、泡、煸等，可制作腌菜和泡菜。辣椒是重要的辣味调味料，可加工成干辣椒、辣椒面、辣椒油等制品。

【品质鉴定】优质辣椒肉厚，体完整，无外伤，无虫蛀。

【注意事项】甜椒在烹调时要保持脆嫩、清香。有的辣椒辣味较重，使用时应因人而异。

【储存方法】低温储存、气调储存。

3. 番茄

番茄又称西红柿、洋柿子，属茄果类蔬菜。

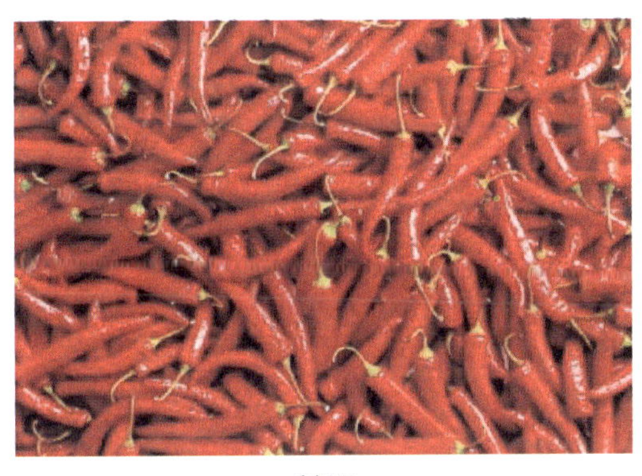
辣椒

番茄

【产地】产于全国各地。

【产季】夏秋两季。

【特征特点】形态多样，果皮色彩丰富鲜艳，表面平滑，肉多汁，味酸甜兼具。

【烹饪应用】番茄适于炒、烩、烧等，常作为菜肴配料，能点缀菜肴色泽，可用于制作甜菜及冷菜，是制作番茄酱、番茄汁的原料。

【品质鉴定】优质番茄果形端正，无裂口、虫眼，颜色鲜红，柔软多汁，甜酸适度。

【注意事项】番茄加热时间不宜过长，否则易变形，酸味增加。青色未熟的番茄不宜食用。

【储存方法】低温储存、气调储存。

三、瓜类蔬菜

1. 黄瓜

黄瓜又称胡瓜、玉瓜，属瓜类蔬菜。

【产地】产于全国各地。

【产季】夏秋两季。

【特征特点】黄瓜呈圆柱形或棒形，表皮呈墨绿、绿或黄白色，瓜上有刺。瓜肉呈黄白色，有籽瓤，汁多，脆嫩清香。

【烹饪应用】黄瓜适于炒、炝、焖、烧、烩、拌、泡等，可作为食品雕刻和冷盘拼摆原料，可做热菜的围边装饰，还可用于制作酱菜和腌菜。

【品质鉴定】优质黄瓜长短适中，粗细适度，皮薄肉厚，籽瓤少，质脆嫩，味清香。

【注意事项】黄瓜尾部含有较多的苦味素，但这种苦味素有一定的抗癌作用，所以不要把黄瓜尾部全部丢掉。

【储存方法】低温储存、气调储存。

2. 冬瓜

冬瓜又称白冬瓜、枕瓜、东瓜，属瓜类蔬菜。

黄瓜

冬瓜

【产地】产于全国各地。

【产季】夏秋两季。

【特征特点】冬瓜呈圆、扁圆或长圆形，皮为绿色，成熟果实表面有白粉。果肉厚，呈白色，疏松多汁，味清淡。

【烹饪应用】冬瓜适于炒、烧、烩、煮、蒸、炖、扒、酿等，多用于制作汤菜，可用于蜜饯的加工，还可作为食品雕刻的原料。

【品质鉴定】优质冬瓜体大肉厚，心室小，皮色青绿，形状端正，外表无斑点和外伤，皮不软。

【注意事项】烹调时应加热至熟软。

【储存方法】气调储存。

3. 南瓜

南瓜又称番瓜、倭瓜、饭瓜、搅瓜、金瓜，属瓜类蔬菜。

【种类】按果实形状不同可分为圆南瓜和长南瓜，按成熟度不同可分为嫩南瓜和老南瓜。

【产地】产于全国各地。

【产季】夏秋两季。

【特征特点】圆南瓜果呈扁圆形或圆形，果面多有纵沟或瘤状突起，果皮呈深绿色并有黄色斑纹；长南瓜果实长，头部膨大，果皮呈绿色并有黄色斑纹。嫩南瓜皮薄鲜嫩，清香微甜；老南瓜皮厚色黄，醇香甘甜。

【烹饪应用】嫩南瓜适于炒、烧等，老南瓜适于烧、烩、煮、蒸、炸等。南瓜可制作馅心，可煮粥、做汤，并能用于食品雕刻。

【品质鉴定】优质南瓜形状端正，肉厚体大，肉质结实，色黄，无外伤。

【注意事项】烹调时嫩南瓜应保持脆嫩，老南瓜以熟软为好。

【储存方法】气调储存。

4. 丝瓜

丝瓜又称水瓜、锦瓜、开丝瓜、布瓜、天丝瓜、蛮瓜、天罗瓜，属瓜类蔬菜。

南瓜

丝瓜

【种类】分为普通丝瓜和棱角丝瓜。

【产地】产于全国各地。

【产季】夏秋两季。

【特征特点】普通丝瓜为细长圆柱形或长棒形，有密茸毛，表面粗糙，无棱，有纵向浅槽，肉厚质软。棱角丝瓜呈短棒形，无茸毛，有棱角，表皮硬，瓜肉稍脆。

【烹饪应用】丝瓜适于炒、烧、烩、煮、拌、炖、扒等，可用于汤菜的制作，还可作为菜肴配料和配色原料。

【品质鉴定】优质丝瓜瓜条粗细均匀，皮色翠绿，清香微甜。

【注意事项】烹调时要保持色泽，选择嫩丝瓜食用，稍老则风味大失，不宜食用。

【储存方法】低温储存。

5. 苦瓜

苦瓜又称癞瓜、锦荔枝、癞葡萄、凉瓜，属瓜类蔬菜。

【产地】产于全国各地，南方较多。

【产季】夏季。

【特征特点】苦瓜呈纺锤形或圆柱形，表面有许多不规则瘤状突起，成熟时为黄赤色，果肉质嫩，清香味苦。

【烹饪应用】苦瓜适于炒、烧、煎、煸、焖等，也可作为菜肴的配料。

【品质鉴定】优质苦瓜瓜条粗细均匀，果面有瘤状突起，色青绿，籽瓤少而小的嫩瓜为最佳。

【注意事项】苦瓜具有苦味，如不习惯苦味，食用前可切开稍加盐腌，也可切开后用水浸泡，能减轻苦味。

【储存方法】低温储存。

6. 瓠瓜

瓠瓜又称大黄瓜、扁蒲、葫子、夜开花、瓠子瓜，属瓜类蔬菜。

苦瓜

瓠瓜

【产地】产于全国各地，南方较多。

【产季】夏秋两季。

【特征特点】瓠瓜呈长圆柱形或腰鼓形。皮色为绿白，且幼嫩时密生白色茸毛，其后渐消失。果肉为白色，厚实松软。

【烹饪应用】瓠瓜适于炒、烧、烩、酿等，最宜做汤，可以作为馅心原料或菜肴的配料。

【品质鉴定】优质瓠瓜果实粗细相近，果皮淡绿，肉质厚嫩且呈白色。

【注意事项】有的瓠瓜品种含有苦味素，味道发苦，多食会引起呕吐、腹泻、痉挛。

【储存方法】低温储存。

7. 西葫芦

西葫芦又称美洲南瓜，是我国从国外引进栽培的品种，属瓜类蔬菜。

【产地】产于全国各地，主要产于长江流域及其以北地区。

【产季】夏秋两季。

【特征特点】西葫芦多呈长圆柱形，表面平滑，皮呈墨绿、黄、绿、浅绿或白色，带绿色条纹或纵棱。成熟时，果皮呈黄色，蜡粉少。种子扁平，呈灰白或黄褐色。

【烹饪应用】西葫芦嫩果脆嫩，可切片、丝素炒，也可切块烧制。可配荤料（如鱼、鸡等），也可配素料（如豆制品、粉丝、面筋），配炒酸菜尤有特色。还可刨丝作为馅料，如用于制作“西葫芦包子”“西葫芦馅饼”等，刨丝后配面粉可做“瓜掏子”（煎菜瓜饼）之类。老熟瓜除切块烧煮食用外，也可干制备用。

【品质鉴定】优质西葫芦形状完整，大小均匀，无病斑，无虫眼。

【注意事项】若食用时发现西葫芦有苦味，则其可能含有苦味物质葫芦素，不可食用。

【储存方法】低温储存。

西葫芦

第六节　食用菌类蔬菜

食用菌类蔬菜是指以大型真菌的子实体作为食用部位的菌类。

一、金针菇

金针菇又称金菇、毛柄金钱菇、朴菇、构菇，属食用菌类蔬菜。

【产地】产于全国各地。

【产季】夏季。

【特征特点】金针菇的菌盖小巧、细腻，干部形似金针，口感脆滑，味道鲜美。

【烹饪应用】金针菇适于炒、烩、拌、涮等，还可作为多种菜肴的配料。

【品质鉴定】优质金针菇干部粗细均匀，整齐干净，菌盖小巧，呈黄褐色或淡黄色。

【注意事项】金针菇宜熟食，不宜生吃。

【储存方法】低温储存、气调储存。

二、蘑菇

蘑菇又称双孢蘑菇、洋蘑菇、白蘑菇，属食用菌类蔬菜。

【产地】产于全国各地。

【产季】春季、秋季、冬季。

金针菇

蘑菇

【特征特点】蘑菇的菌盖初期呈扁半球形、半球形，有白色、奶油色和棕色三种，以白色栽培最多；菌盖后期近平展，光滑不黏。菌肉厚，紧密。菌褶密，初期为淡红色，后变为褐色。菌柄白而不滑，近圆柱形，内部实长松软。它味道鲜美，口感细腻软滑，十分适口。

【烹饪应用】蘑菇适于炒、烧、烩、熘等，可用于制作汤菜和馅心、面臊等，还可加工成罐头。

【品质鉴定】优质蘑菇菇形完整，菌盖不开，结实肥厚，质地干爽，味清香。

【注意事项】烹调时宜配荤菜食用，不用放味精或鸡精。

【储存方法】低温储存。

三、香菇

香菇又称香菌、香蕈、香信，属食用菌类蔬菜。香菇在我国人工栽培量大，市场上既有鲜品供应，也有干品供应。

【种类】按外形和质量不同可分为花菇、厚菇、薄菇和菇丁四种，花菇质量最好。按生长季节不同可分为春菇、秋菇和冬菇三类，冬菇质量最好。

【产地】产于全国各地。

【产季】春季、秋季、冬季。

【特征特点】香菇的子实体呈伞形；菌盖为半肉质；菌肉为白色，较厚，表面为浅褐色或棕褐色，有的着生絮状鳞片；菌柄为纤维质。它质地肥厚，嫩滑可口，味道特别鲜美。

【烹饪应用】香菇适于炒、烧、烩、拌、炝、炖、煎、煮等。干、鲜香菇都可作为主料或配料，可用于制作馅心，有时还用于增鲜、增香、增色、配色、配形等。

【品质鉴定】优质香菇味香浓，肉厚实，表面平滑且带白霜，大小均匀，菌褶紧密细白，柄短而粗壮。

【注意事项】泡发香菇的水不要倒掉，它的很多营养物质都溶在水中。

【储存方法】低温储存。

四、草菇

草菇又称包脚菇、兰花菇、麻菇，属食用菌类蔬菜。

香菇

草菇

【产地】产于全国各地，主要产于广东、广西、湖南、福建、江西等地。

【产季】夏秋两季。

【特征特点】草菇的子实体呈伞形，分为菌盖、菌柄、菌托等几部分。菌盖伸展后中央稍凸起，呈灰色或黑灰色，有褐色条纹。菌柄较长，呈白色。菌托在菌蕾期包裹菌盖和菌柄，形成白色蛋形菌蕾，上缘呈灰黑色。草菇肉质滑嫩，香气浓郁，味道鲜美。

【烹饪应用】草菇适于炒、烧、烩、焖、蒸、煮等，也常用于制作汤菜及面臊等。

【品质鉴定】优质草菇菇体粗壮均匀，质嫩肉厚，菌盖未开，清香无异味。

【注意事项】干草菇用前须用水泡发，但无论鲜品还是干品都不宜浸泡时间过长。

【储存方法】低温储存。

五、平菇

平菇又称侧耳、北风菌，属食用菌类蔬菜。

【产地】产于全国各地。

【产季】夏秋两季。

【特征特点】平菇的子实体丛生或叠生；菌盖呈贝壳状，近半圆形至长圆形；菌肉为白色，皮下带灰色；菌柄侧生。平菇肉厚肥大，质地嫩滑，味道鲜美。

【烹饪应用】平菇适于炒、烧、拌、烩、焖等，可用于做汤、制作馅心和面臊，还可干制或制成罐头。

【品质鉴定】优质平菇色白，肉厚质嫩，形态完整。

【注意事项】初加工时应去净根部杂质。

【储存方法】低温储存。

六、口蘑

口蘑又称白蘑，属食用菌类蔬菜。

平菇

口蘑

【种类】大致可分为白蘑、青蘑、黑蘑和杂菌四大类，其中白蘑最佳。

【产地】产于内蒙古、河北等地。

【产季】夏季。

【特征特点】口蘑以伞状肉质的子实体供食用，它香气浓郁，味道鲜美，口感细腻软滑，十分适口，且形状规整好看，也常制成干制品。

【烹饪应用】口蘑适于炒、熘、烩、扒、烧、焖、蒸、炖等，可用于做汤或制作馅心，是多种菜肴的配料，有增鲜的作用。

【品质鉴定】优质口蘑个体均匀，肉质厚，菌盖直径3厘米左右，菌盖边缘完整紧卷，菌柄短壮。

【注意事项】宜与荤菜搭配，制作菜肴时不用放味精或鸡精。

【储存方法】低温储存。

七、猴头菌

猴头菌又称猴头、猴头菇、猴头蘑，属食用菌类蔬菜。

【产地】产于东北及云南等地。

【产季】夏季。

【特征特点】猴头菌的子实体为肉质，呈块状，直径5 ~ 10厘米；基部狭窄，呈白色，干燥后呈淡黄色。除基部外，其余部分均密生肉质针状的茸刺。猴头菌肉质脆嫩，味淡而清香。

【烹饪应用】猴头菌适于炒、烧、扒、烩等，既可作为主料，也可作为配料。

【品质鉴定】猴头菌多以干制品上市，优质猴头菌菌体大，茸刺紧密，色黄白，形体完整。

【注意事项】烹调时应保持脆嫩和清香。

【储存方法】气调储存。

八、鸡纵

鸡纵又称伞把菌、鸡肉丝菌、白蚁菇，属食用菌类蔬菜。

猴头菌

鸡纵

【产地】产于江苏、福建、台湾、广东、云南、四川等地。

【产季】夏季。

【特征特点】鸡纵的子实体为肉质；菌盖中央凸起，呈尖帽状或乳头状，为深褐色，表面光滑或呈辐射状开裂；菌肉厚；白色菌盖中央生菌柄，粗细不等。鸡纵味道鲜美，有脆、嫩、香、鲜的特点。

【烹饪应用】鸡纵适于炒、爆、烩、烧、煮等，可与多种原料配用，可做汤羹，还可干制或腌制。

【品质鉴定】优质鸡纵菌盖未开裂，菌肉厚实。

【注意事项】初加工时应去净根部杂质。

【储存方法】气调储存。

九、鸡腿蘑

鸡腿蘑又称毛头鬼伞，属食用菌类蔬菜。

【产地】产于西南地区。

【产季】夏季。

【特征特点】鸡腿蘑因其形如鸡腿而得名。其子实体为肉质，呈伞状；菌盖为半肉质；菌柄厚实粗壮，整体呈白色。口味以鸡肉味居多，煮时不烂，滑嫩清香。

【烹饪应用】鸡腿蘑适于炒、烧、炖、扒、熘、烩等。

【品质鉴定】优质鸡腿蘑色白，菌盖紧收不开裂，菌柄粗大壮实。

【注意事项】适宜与荤菜搭配食用。

【储存方法】低温储存。

十、杏鲍菇

杏鲍菇又称刺芹侧耳，属食用菌类蔬菜。

鸡腿蘑

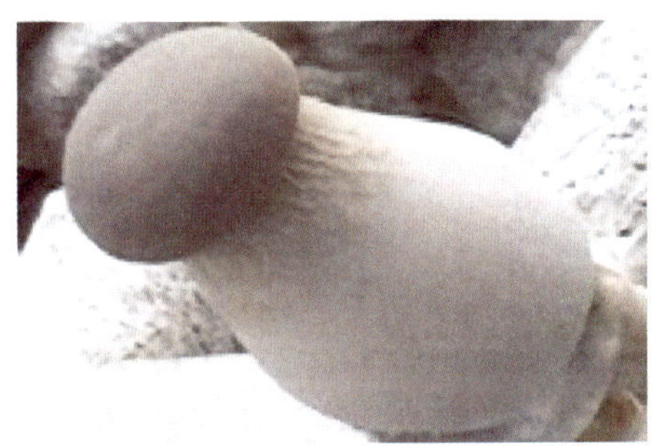

杏鲍菇

【产地】产于全国各地。

【产季】夏季。

【特征特点】杏鲍菇的菌盖为圆碟状，表面有丝状光泽，平滑、干燥。它肉质肥厚，质地脆嫩。菌柄组织致密、结实、乳白，可全部食用，且菌柄比菌盖更脆滑、爽口。杏鲍菇被称为“平菇王”“干贝菇”，具有杏仁香味和鲍鱼般的口感。

【烹饪应用】杏鲍菇适于炒、烧、炖、扒、烩等，也可用于制作汤菜等。

【品质鉴定】优质杏鲍菇颜色乳白，肉质肥厚，成熟度以七分熟为好，菌柄长 10 厘米左右、直径 3 厘米左右的为佳。

【注意事项】适宜与荤菜搭配食用。

【储存方法】低温储存。

十一、茶树菇

茶树菇又称茶菇、油茶菇、神菇，属食用菌类蔬菜。

【产地】原产于江西、福建等地，现全国多数地区都有人工栽培。

【产季】夏季。

【特征特点】茶树菇的菌盖初生后逐渐平展，呈浅褐色，边缘较淡。菌肉呈白色，质地肥厚。菌褶初为褐色，后为浅褐色。菌柄中实，长 4 ~ 12 厘米，呈淡黄褐色。菌环呈白色，为膜质。

【烹饪应用】茶树菇适于煲汤，也可炒、烩、凉拌及涮食。

【品质鉴定】优质茶树菇粗细均匀，大小一致，气味清香，干净无杂质，菌柄质地脆嫩。

【注意事项】本味鲜美，烹饪中应注意保持本味。

【储存方法】低温储存。

茶树菇

第七节　常见蔬菜制品

一、腌制品与酱制品

1. 榨菜

榨菜是一种半干态非发酵性咸菜，以茎芥菜为原料腌制而成，是四川四大腌菜之一，与法国酸黄瓜、德国甜酸甘蓝并称为世界三大名腌菜。因芥菜嫩茎经盐腌后须用压榨法榨出菜中水分，故称榨菜。

【产地】产于四川、重庆和浙江等地。

【产季】冬季。

【特征特点】咸淡适口，口感脆嫩，爽口开胃。

【烹饪应用】榨菜除可直接食用外，还可作为菜肴配料，用于拌、炒、烩或做汤等。

【品质鉴定】优质榨菜外表呈青色或淡黄色，有光泽，口感脆爽，有浓郁鲜香。

【注意事项】食用榨菜不可过量，因榨菜含盐量高，食用过多有可能使人患高血压，心脏负担加重，引发心力衰竭，出现全身浮肿及腹水。

【储存方法】低温储存。

2. 芽菜

芽菜以叶芥菜的嫩尖为原料，经过划丝、晾晒、腌制、熬糖、配料等工序，装坛密封一年制成。芽菜为四川四大腌菜之一，有咸、甜两种口味。咸芽菜产于四川的南溪、泸州及重庆永川，以南溪所产为最佳。甜芽菜产于四川的宜宾一带，特产有叙府芽菜。

榨菜

芽菜

【产地】主要产于四川、重庆和浙江等地。

【产季】冬季。

【特征特点】成品质嫩条细，色泽黄亮，甜咸适度，味道清香。

【烹饪应用】芽菜除可直接食用外，还可作为菜肴配料，用于拌、炒、烩或做汤等。

【品质鉴定】优质芽菜色青黄，根条均匀，质脆嫩，味香，咸淡适口，无菜叶、老梗、怪味、霉变。

【注意事项】因芽菜含盐量高，所以高血压、肾病患者要慎食。另外芽菜含糖量也比较高，所以糖尿病患者也尽量少吃。

【储存方法】低温储存。

3. 腌大头菜

腌大头菜以根芥菜等根菜类蔬菜腌制或酱制而成。许多地区都有生产，较有名的如北京芥菜疙瘩、四川腌大头菜等。

【产地】主要产于华北、东北及四川、江苏等地。

【产季】夏秋两季。

【特征特点】因制法、用料各异，故风味多样，质脆嫩而无渣，鲜香适口。

【烹饪应用】腌大头菜除可直接佐食外，还可作为席上小菜碟（如四川的红油黄丝），或作为烹调配料，如用于炒制“大头菜炒肉丝”。

【品质鉴定】优质腌大头菜个体完整，质地脆嫩，无根须、老梗、泥沙、污物和霉点。

【注意事项】腌大头菜不能腌制过久，否则大头菜会失去脆嫩的口感。

【储存方法】低温储存。

4. 腌雪里蕻

腌雪里蕻又称石榴红、雪菜，以叶芥菜中的鲜雪里蕻为原料，以食盐、花椒等为辅料腌制而成。

【产地】主要产于华北、东北和江苏等地。

腌大头菜

腌雪里蕻

【产季】夏秋两季。

【特征特点】腌雪里蕻呈青绿色，具有香气和鲜味，咸度适口，质地脆嫩。

【烹饪应用】腌雪里蕻可蒸、炒后作为佐餐小菜，也常烧、炒，还可做汤或制作馅心。代表菜肴如“炒雪冬”“雪菜炒山鸡”及扬州名点“雪笋包子”等。

【品质鉴定】优质腌雪里蕻质地脆嫩，无根须、老梗、泥沙、污物和霉点。

【注意事项】因腌雪里蕻含盐量高，所以高血压、肾病患者要慎食。

【储存方法】低温储存。

二、发酵制品

1. 酸菜

酸菜以新鲜蔬菜为原料，经晾晒、烫熟、腌制、装缸发酵制成。

【产地】主要产于华北、东北及江苏等地。

【产季】夏秋两季。

【特征特点】咸酸爽口，香味扑鼻，开胃解腻。

【烹饪应用】酸菜可作为开胃小菜、下饭菜，也可用来制作菜肴配料、馅料，或用于烹制面条、面片及汤菜等。

【品质鉴定】优质酸菜闻起来有自然的酸味及发酵香气，无异味；尝起来酸脆鲜嫩，风味纯正；用手掐应有韧感。如绵软、发黏，说明已腐烂，不能选用。

【注意事项】霉变的酸菜有明显的致癌性，不可食用。

【储存方法】低温储存。

2. 泡菜

泡菜以新鲜蔬菜为原料，以食盐、干红辣椒、白酒、香辛料等为辅料，将之浸泡于特制的泡菜坛内经乳酸发酵制成。

【产地】主要产于华北、东北及江苏、四川等地。

【产季】一年四季。

酸菜

泡菜

【特征特点】成品脆嫩鲜香，爽口开胃。

【烹饪应用】泡菜除可直接食用外，也可以作为川菜常用配料之一。

【品质鉴定】优质泡菜清洁卫生，保持新鲜蔬菜原有的色泽，香气浓郁，组织细嫩，质脆，咸酸适度，稍有甜味和鲜味。

【注意事项】取食泡菜要使用专筷，切不可带油，避免油与生水进入坛中。泡菜不能长期存放，要现泡现吃。坛口水槽要保持清洁，并经常换水注满。

【储存方法】低温储存。

3. 泡子姜

泡子姜是四川传统名菜，属于川菜系泡菜类食品。常以子姜为原料，经乳酸发酵而成。

【产地】产于四川、重庆和贵州等地。

【产季】夏秋两季。

【特征特点】颜色微黄，鲜嫩清香，微辣带甜。

【烹饪应用】泡子姜多作为开胃小菜、下饭菜，也可用来制作菜肴配料。

【品质鉴定】优质泡子姜较为爽口，无根须、老梗、泥沙、污物和霉点。

【注意事项】取用时要使用专筷，切不可带油，避免油与生水进入坛中。坛口水槽要保持清洁，并经常换水注满。

【储存方法】低温储存。

泡子姜

思考与练习

1. 蔬菜在烹饪应用中有何特点?
2. 蔬菜按食用部位不同可分为哪几类? 每类的代表品种是什么?
3. 优质香菇的特点是什么?
4. 如何做好蔬菜的储存工作?
5. 姜按生长期不同可分为哪两种? 在烹饪中各如何应用?
6. 哪些蔬菜在烹饪中可以代替粮食作为主食?
7. 藕在烹调时应注意什么? 若制作凉菜应选择哪种藕?

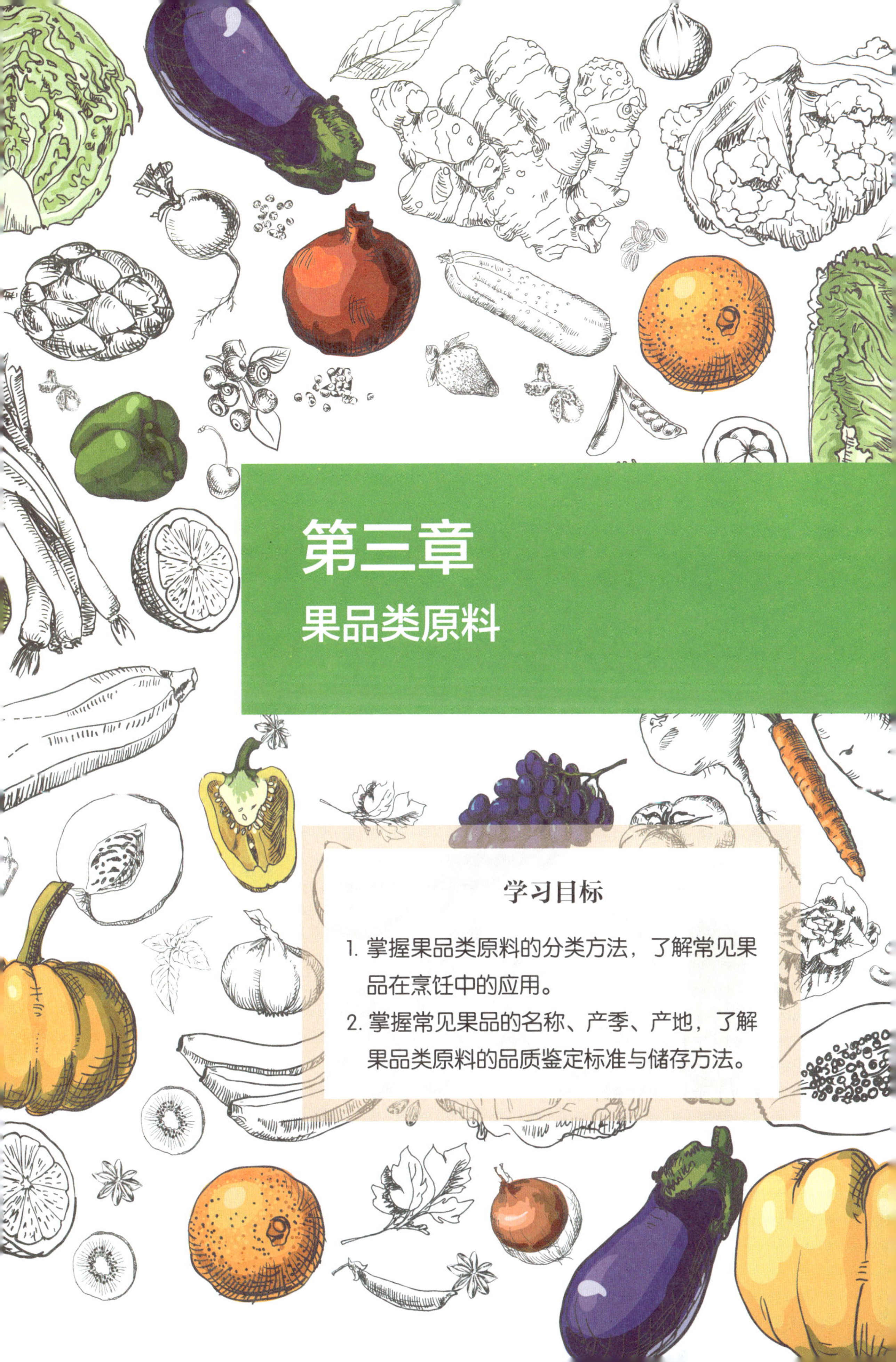

第三章
果品类原料

学习目标

1. 掌握果品类原料的分类方法，了解常见果品在烹饪中的应用。
2. 掌握常见果品的名称、产季、产地，了解果品类原料的品质鉴定标准与储存方法。

果品一般指果树和部分草本植物产的可直接生食的果实，也包括各种种子植物所产的种仁。根据果品的自身特点和加工方法不同，可将果品类原料分为鲜果、果干与果仁、糖制果品三大类，如下图所示。果品类原料在烹饪中主要作为菜肴的主料，多用于甜菜的制作，也常作为菜肴的配料，还可用于食品雕刻，菜肴装饰、配色与点缀，以及糕点和点心的制作。

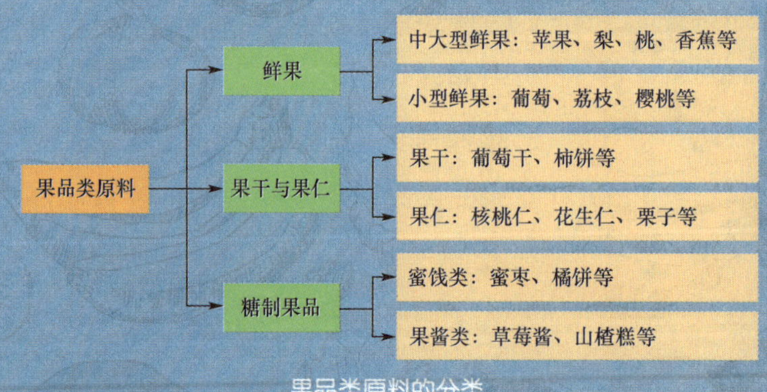

果品类原料的分类

第一节　鲜果

鲜果通常指新鲜的、未经加工的、肉质柔软多汁的植物果实，也就是人们常说的水果。在烹饪中，鲜果是应用最多的果品。

一、中大型鲜果

1. 苹果

苹果又称平波、频婆。

【种类】苹果的品种有几百种，分早熟、中熟、晚熟等品种。

【产地】产于全国各地，主要产于华北、东北地区。

【产季】夏秋两季。

【特征特点】苹果果实呈圆、扁圆、长圆、椭圆等形状，果皮有绿、黄、红色之分。质地脆嫩或松泡，口味甜酸爽口，营养丰富，滋味甜美。早熟种成熟期在七月至八月，生长期短，质松，味酸，不耐储存，产量较少。中熟种成熟期在八月至九月，质或脆或松，较耐储存。晚熟种成熟期在九月至十月，质地紧实，脆甜稍酸，耐储存。

【烹饪应用】苹果适于酿、拔丝、蜜汁、扒等，多用于甜菜的制作，宴席中可作为鲜食水果。苹果还可以加工成果干、果脯、果汁、果酱、果酒等多种制品。

【品质鉴定】优质苹果个头大而均匀，皮色鲜艳，无疤痕，质脆，甜酸适口，味清香。

【注意事项】在烹调时，加热时间不能过长，以免酸味增加。

【储存方法】低温储存、气调储存。

2. 梨

梨又称快果、玉乳、果宗、玉露。

苹果

梨

【种类】梨的品种很多，主要有秋子梨、白梨、沙梨、西洋梨四大类。

【产地】产于全国各地，主要产于华北和西北地区。

【产季】夏秋两季。

【特征特点】梨的果实呈球形或近球形，果皮呈黄白色、赤褐色、青白色或暗绿色，果肉近白色，质地脆嫩多汁，气味芳香，清甜爽口。

【烹饪应用】梨适于炒、熘、扒、蒸、蜜汁、酿、拌、炖等，以制作甜菜和冷菜为主，可做点心的馅料、水果沙拉等，可作为宴席鲜食。梨可以加工成梨膏、梨脯、梨干，还可用于制醋和酿酒等。

【品质鉴定】优质梨个头大而均匀，皮薄而光洁，无伤痕，质地脆甜、细沙，水多，果肉清香。天津鸭梨、莱阳贡梨、新疆库尔勒香梨和安徽砀山酥梨品质最佳，是我国果品中的名品。

【注意事项】去皮后梨易变色。

【储存方法】低温储存、气调储存。

3. 桃

桃又称桃子。

【种类】根据分布地区不同可分为北方桃品种群、南方桃品种群，根据果实类型不同可分为黄肉桃品种群、蟠桃品种群和油桃品种群等。

【产地】产于全国各地，主要产于华北、华东、西北地区。

【产季】夏秋两季。

【特征特点】桃的果实近球形，顶部略尖，表面生茸毛，底部凹陷，果皮呈黄白、浅黄或红黄等色。果肉呈白色、黄色或红黄色，有的紧密多汁，有的柔软多汁，有的香脆可口。桃口味甜美，气味芳香。

【烹饪应用】桃适于酿、蜜汁，主要用于甜菜制作。桃可以生食，还可以加工成桃脯、蜜桃片、桃果酱及罐头等制品。

【品质鉴定】优质桃个头大而均匀，颜色鲜艳，肉质柔软多汁，味甜美，无碰伤，无虫蛀。

【注意事项】桃受热易软烂变形，不宜与其他鲜果合烹。

【储存方法】低温储存、气调储存。

4. 橘

橘又称橘柑、橘子。

桃

橘

【产地】产于我国南方各地。

【产季】秋冬两季。

【特征特点】橘的果实呈扁圆形，果皮呈红色或橙黄色，果皮薄且容易剥落，果肉细嫩，汁多，味甜带酸。

【烹饪应用】橘适于制作拔丝、煮制类菜肴，主要用于甜菜制作，也可用于拼摆冷盘、制作水果沙拉。橘还可以加工成罐头、果酱、果汁、果醋、果酒和蜜饯等。

【品质鉴定】优质橘个头大而均匀，无籽或少籽，味甜，色红而鲜艳。

【注意事项】烹调时加热时间要短，以避免酸味增加。

【储存方法】低温储存、气调储存。

5. 橙

橙又称广柑、黄果、甜橙。

【种类】根据果形和特点不同，可分为普通甜橙、脐橙和血橙。

【产地】产于我国南方各地。

【产季】秋冬两季。

【特征特点】橙的果实近球形或长球形，果皮较粗糙，略有皱纹，色橙黄或橙红，皮厚而紧密，不易剥落，果肉及果汁呈淡黄色，味甜酸，气味芳香。

【烹饪应用】橙适于制作拔丝、酿类菜肴，可单独或与其他水果一同烹制甜羹，或榨成果汁，也可作为宴席水果。

【品质鉴定】优质橙皮薄，个头大而均匀，味甜多汁，无籽或少籽，带有浓郁香味。

【注意事项】烹调时加热时间不能太长，以免酸味增加。

【储存方法】低温储存、气调储存。

6. 柚

柚又称文旦、香柑。

橙

柚

【产地】产于我国南方各地，主要产于广西、广东、福建、四川等地。

【产季】秋冬两季。

【特征特点】柚的果形较大，呈圆形或梨形，皮质粗糙，皮肉难分离，皮呈青黄色或橙色，肉有白色和粉红色两种，核较大，汁少，味酸甜，有时略带苦味。

【烹饪应用】柚子可鲜食，也可制作蜜饯、罐头和果汁。著名的食材“青红丝”就是用柚皮去苦味后制成的。

【品质鉴定】优质柚体大而重，肉嫩而多汁，甜酸爽口，较耐储存。

【注意事项】食用时一定要把老皮去尽。

【储存方法】低温储存、气调储存。

7. 香蕉

香蕉又称蕉子、蕉果。

【产地】产于广东、广西、福建、台湾、云南等地。

【产季】秋季。

【特征特点】香蕉的果形为长圆条形，有棱，成熟时果皮呈黄色且易剥落，果肉为白黄色，肉质柔软，滑软无籽，汁少，味甘甜，气味芳香。

【烹饪应用】香蕉适于制作拔丝、炸、冻类菜肴，多用于制作甜菜，可作为点心的馅料和水果沙拉原料。香蕉可以加工成罐头、香蕉干、香蕉酒。

【品质鉴定】优质香蕉皮黄而洁净，质柔软，味清香，无疤痕和损伤。

【注意事项】香蕉剥皮后易变色，一般在烹调时才剥皮。

【储存方法】低温储存、气调储存。

8. 柠檬

柠檬又称洋柠檬、柠果、益母果。

香蕉　　柠檬

【产地】产于广东、广西、四川、福建。

【产季】秋季。

【特征特点】柠檬的果实呈椭圆形，两端突出如乳头状，表面光滑，皮肉难剥离，成熟时为黄色，味较酸，具有浓烈的香气。

【烹饪应用】柠檬一般不生食，大多切片加入饮料中，或作为菜肴的配料，可加工成天然果汁、柠檬露、柠檬粉、柠檬酸、柠檬酒，可配制汽水，或制成糖果、蜜饯、果酱等。从柠檬中提取的柠檬油是工业和医药上用途很广的一种香料。

【品质鉴定】优质柠檬果身紧实，色泽黄亮，无疤痕，气味芳香。

【注意事项】柠檬因太酸不适合鲜食。

【储存方法】低温储存、气调储存。

9. 菠萝

菠萝又称凤梨、露兜子。

【产地】产于广东、广西、福建、云南等地。

【产季】秋季。

【特征特点】菠萝的果实呈长圆球形，果顶有冠芽，果实表面布满均匀的刺，果实为肉质，果汁丰富，香味浓烈，口感酸甜。

【烹饪应用】菠萝适于拌、蒸等，主要用于制作甜羹，可鲜食，还可制成果汁、果酱、果醋、果酒、蜜饯、罐头等。

【品质鉴定】优质菠萝个头大，果形饱满，果身硬挺，肉厚质细，果皮光洁，色泽鲜艳，汁多，味清香，无损伤。

【注意事项】食用菠萝时应先用盐水浸泡，以去除果肉中的皂苷。

【储存方法】气调储存。

10. 芒果

芒果又称檬果、蜜望子。

【产地】产于广东、广西、云南、福建、台湾等地。

菠萝

芒果

【产季】夏季。

【特征特点】芒果的果实呈肾形或椭圆形，微扁，成熟时呈淡黄或淡绿色，果肉味甜，有香气，汁多，口感滑爽。

【烹饪应用】芒果适于炒、熘、爆等，可用于制作甜菜，可作为菜肴配料，或作为宴席的鲜食水果。芒果还可制成蜜饯、果干、果汁、罐头等。

【品质鉴定】优质芒果成熟度高，富有香气，肉质纤维少。

【注意事项】芒果肉质滑嫩，在烹调时应旺火快炒，以避免果肉碎烂。

【储存方法】气调储存。

11. 猕猴桃

猕猴桃又称奇异果。

【种类】分有茸毛和无茸毛两种。

【产地】产于长江流域。

【产季】秋季。

【特征特点】猕猴桃的果实呈卵形或近球形，果皮呈黄褐色。果肉呈绿色或黄色，中间有放射状的小黑籽，味酸甜，口感滑爽。

【烹饪应用】猕猴桃适于炒、熘等，多用于菜肴的点缀和水果沙拉，可制成果酱、蜜饯、果脯等，也可以打成汁。

猕猴桃

【品质鉴定】优质猕猴桃个头大，果肉嫩滑，汁多，香味浓，无损伤。

【注意事项】加热时间不宜过长。

【储存方法】气调储存。

12. 西瓜

西瓜又称寒瓜、水瓜、夏瓜。

【种类】分有瓜子的和无瓜子的两种。

【产地】产于全国各地。

【产季】夏季。

【特征特点】西瓜的果实较大，呈圆形或椭圆形，皮色浓绿或绿中带虎皮纹。瓜瓤汁多味甜，呈鲜红色、淡红色、黄色或白色。

【烹饪应用】西瓜主要用于制作甜菜，也可作为宴席水果。西瓜可制成西瓜酱、西瓜汁等，瓜皮还可炒、烧或制作泡菜。

【品质鉴定】优质西瓜色泽鲜艳，皮薄、汁多、味甜。

【注意事项】应选用成熟的瓜。

【储存方法】低温储存。

13. 甜瓜

甜瓜又称香瓜、甘瓜、梨瓜。

西瓜

甜瓜

【产地】产于全国各地，主要产于华北、西北地区。

【产季】夏季。

【特征特点】甜瓜的果实呈球形、卵形或椭圆形，果皮有黄、乳白、淡绿、翠绿和深绿等颜色，果肉味甜有香气。

【烹饪应用】甜瓜主要用于制作甜菜，可作为宴席水果，也是食品雕刻的原料。

【品质鉴定】优质甜瓜个头大而均匀，皮薄而光滑，颜色鲜艳，有光泽，肉质紧实，脆嫩无渣，汁多味甜，香味浓郁。

【注意事项】成熟度高的瓜肉柔软，但不耐储存。

【储存方法】低温储存、气调储存。

14. 哈密瓜

哈密瓜又称厚皮甜瓜。

【种类】按果皮形状不同可分为网状和光滑状两种，按成熟期不同可分为早熟、中熟和晚熟三种。

【产地】产于新疆。

【产季】夏季。

【特征特点】哈密瓜的果实呈卵圆形或椭圆形，肉厚且呈橘红色或白色，质地脆嫩，味甜香浓。

【烹饪应用】哈密瓜主要用于制作甜菜，也可作为宴席水果，还是食品雕刻的原料。将哈密瓜晒干而成的瓜干是风味独特的特产果脯。

【品质鉴定】优质哈密瓜个头大，瓜肉肥厚，汁多味甜，香味浓郁，无损伤。

【注意事项】受伤的哈密瓜容易变质腐烂，不能储存和食用。

【储存方法】低温储存、气调储存。

15. 椰子

椰子又称奶桃、可可椰子。

哈密瓜

椰子

【产地】产于海南及东南沿海等地。

【产季】夏季。

【特征特点】椰子的果实呈尖果状。外果皮薄；中果皮厚，为纤维质；内果皮为木质，坚硬。椰子内含种仁和胚乳状液体，种仁呈白色，为肉质，具有芳香味。新鲜的椰子汁液丰富，果肉厚，质地洁白，口味清香。

【烹饪应用】椰子中含有白色肉质的种仁和乳白色的椰汁，它们可用于烹制菜肴。椰子汁除可直接饮用外，还可用于炖制、蒸制菜肴；椰壳可制作椰盅；椰肉多加工成椰丝、椰子蓉等，通常在糕点制品中作为馅料。

【品质鉴定】优质椰子果实新鲜，不干枯，充分成熟；壳不破裂，汁液清白丰富；肉质油脂厚实，颜色纯白，富有清香。

【注意事项】椰子汁取出后味道易变，所以要即时饮用或食用。

【储存方法】气调储存。

16. 番木瓜

番木瓜又称万寿果、木瓜，为肉质浆果。

【产地】产于广东、海南、广西、云南、福建等地。

【产季】夏季。

【特征特点】番木瓜呈长椭圆形至近球形，成熟时呈黄色或淡绿色。果肉厚，呈红色或黄色，肉质细嫩柔滑，味道清甜，香气浓郁，汁水丰富，营养丰富，有“百益之果”“水果之皇”“万寿瓜”的美称。

【烹饪应用】番木瓜可鲜食或榨汁饮用，也可作为蔬菜，适宜炖汤、酿馅后蒸制，或用于制作甜菜。用番木瓜晒成的瓜干是风味独特的特产果脯。

【品质鉴定】优质番木瓜个头大，瓜肉肥厚多汁，香味浓郁，味甜，无损伤。

【注意事项】受伤的番木瓜容易变质腐烂，不能储存和食用。

【储存方法】低温储存。

17. 火龙果

火龙果又称青龙果、红龙果、情人果等。

番木瓜

火龙果

【产地】产于海南、广西、广东、福建、云南等地区。

【产季】夏季。

【特征特点】火龙果的果形大，呈长圆形或卵圆形，表皮为鲜红色或者鲜黄色；亮丽夺目。表面有卵状且顶端急尖的鳞片，果长 10 ~ 15 厘米，果皮厚，有蜡质。果肉有雪白、玫瑰红、深红、黄、橙黄等多种颜色，单果有近万粒具有香味的芝麻状种子，因此又称“芝麻果”。火龙果味道甜而不腻，清淡略有芳香。

【烹饪应用】火龙果可作为水果鲜食、榨汁和制作沙拉，也可以用于汤羹、菜肴的制作，成菜如“火龙果沙拉虾”。

【品质鉴定】优质火龙果个头大，香味浓郁，味甜，无损伤。

【注意事项】受伤的火龙果容易变质腐烂，不能储存和食用。

【储存方法】低温储存。

18. 石榴

石榴又称安石榴、山力叶、丹若、若榴木等。

【产地】产于全国各地。

【产季】秋季。

【特征特点】石榴的果皮为半圆形或不规则块（片），大小不一，厚 1.5 ～ 3 毫米。外表面呈黄棕色、暗红色或棕红色，稍具光泽，粗糙，有棕色小点，有的有凸起的筒状宿存萼或粗短果柄。内表面呈黄色或红棕色，有种子脱落后的凹窝，呈网状隆起。果质硬而脆，断面呈黄色，略显颗粒状。气微香，味苦涩。

【烹饪应用】石榴可鲜食，也可制作果汁和清凉饮料。

【品质鉴定】优质石榴个头大，皮厚，皮呈棕红色，无损伤。

【注意事项】受伤的石榴容易变质腐烂，不能储存和食用。

【储存方法】低温储存。

19. 无花果

无花果又称蜜果、奶浆果、优昙果、品仙果等，无花果的花隐于囊状总花托内，外观只见果而不见花，故名无花果。

石榴

无花果

【产地】产于全国各地，主要产于新疆。

【产季】夏秋两季。

【特征特点】无花果的果实呈扁圆形或卵形，成熟后顶端开裂，表皮呈黄白色或者紫褐色，肉质柔软，味甜。

【烹饪应用】无花果可鲜食，也可制作蜜饯、果酱、果干等，还可作为菜肴的辅料，用以烤肉、炖鸡等。

【品质鉴定】优质无花果个头大，大小均匀，果肉饱满，味甜，无损伤。

【注意事项】受伤的无花果容易变质腐烂，不能储存和食用。

【储存方法】低温储存。

20. 人参果

人参果又称香瓜茄、长寿果、凤果、艳果。

【产地】产于全国各地。

【产季】一年四季。

【特征特点】人参果的果实呈椭圆形，成熟时肉色玉白。果皮呈金黄色，上面有紫色的花纹。果肉味道独特，脆爽多汁，不酸不涩。人参果营养价值较高，具有保健功能。

【烹饪应用】人参果可制果酱、蜜饯等，可生食，还可做菜。

【品质鉴定】优质人参果个头大，果肉肥厚多汁，清香怡人，味甜，无损伤。

【注意事项】熟透的人参果容易腐烂，不宜久放。

【储存方法】低温储存。

人参果

二、小型鲜果

1. 葡萄

葡萄又称草龙珠。

【产地】产于全国各地，主要产于华北、西北和华中地区。

【产季】秋季。

【特征特点】葡萄的果实呈椭圆或扁圆形，果皮颜色随品种而异，有黑、红、紫、黄或绿色之分，果皮与果肉不易分离，果肉柔软、滑嫩，味酸甜。

【烹饪应用】葡萄适合制作甜羹或作为甜菜的配料，可作为水果上宴席，还可制成葡萄干、葡萄酒、果汁、果酱等。

【品质鉴定】优质葡萄粒大饱满，汁多，籽小或无籽，味甜而纯正，无损伤。

【注意事项】烹调时加热时间不宜过长。

【储存方法】低温储存。

2. 荔枝

荔枝又称离支、火荔。

葡萄

荔枝

【产地】主要产于广东、福建、广西、海南等地。

【产季】秋季。

【特征特点】荔枝的果实呈心脏形或球形。果皮具有较多鳞斑状突起，有红、紫红、青绿等颜色，与果肉易分离。果肉新鲜时呈半透明状，味甘多汁，口感细腻。

【烹饪应用】荔枝适于炒、烧、炖等，鲜荔枝可用于制作甜菜。荔枝还可以加工成干制品，作为各种面点馅心，也可制成罐头、果汁、果酱、果酒、蜜饯或制荔枝茶饮用。

【品质鉴定】优质荔枝个头大而均匀，颜色鲜艳，肉厚质嫩，汁多味甘，富有香气，核小。

【注意事项】荔枝不可一次食用过多，否则易引起低血糖。

【储存方法】低温储存、气调储存。

3. 草莓

草莓又称洋梅、凤梨草莓。

【产地】产于全国各地。

【产季】春夏两季。

【特征特点】草莓的果实为聚合果，呈圆锥形、圆形或心脏形，花托肉质化并呈红色。果肉柔软多汁，味酸甜。

【烹饪应用】草莓可拌以奶油或甜奶制成奶油草莓食用，也可作为宴席水果鲜食，还可制作果酱、果汁、果酒和罐头。

【品质鉴定】优质草莓果形整齐，粒大，颜色鲜艳，汁多，香气浓，甜酸适口，无损伤。

【注意事项】草莓汁多肉嫩，不宜储存，应现买现吃。

【储存方法】低温储存。

4. 樱桃

樱桃又称荆桃、莺桃、含桃。

草莓　　樱桃

【产地】产于山东、安徽、江苏、河南、新疆等地。

【产季】春夏两季。

【特征特点】樱桃的果实呈球形，果柄长，果实呈鲜红色，果肉稍甜带酸。

【烹饪应用】樱桃可用于制作甜菜，可作为配料或在菜肴中作为围边装饰，还可以加工成果酱、果汁、果酒等。

【品质鉴定】优质樱桃果粒大且均匀，颜色鲜艳，柄短核小，味甜汁多，无损伤，肉质软糯。

【注意事项】樱桃不宜储存，应现买现吃。

【储存方法】低温储存。

5. 龙眼

龙眼又称桂圆、荔枝奴、圆眼。

【产地】产于云南以及台湾南部和西南部。

【产季】秋季。

【特征特点】龙眼的果实呈小圆球形。外皮薄，呈黄褐色，粗糙。果肉呈白色半透明状，形似猕猴桃，味甜汁多，口感滑爽，在其内有黑褐色种子一枚。

【烹饪应用】龙眼可鲜食，也可制作甜羹，还可加工成罐头，或煎制成桂圆膏，或干制成桂圆干。

【品质鉴定】优质龙眼个头大，皮薄核小，果肉厚而细嫩，汁多味浓，纤维少。

【注意事项】一次食用不宜多。

【储存方法】低温储存、气调储存。

6. 枇杷

枇杷又称卢橘。

龙眼

枇杷

【产地】产于湖北、浙江、四川、福建、江苏等地。

【产季】春末夏初。

【特征特点】枇杷因果实形似琵琶而得名，果实呈圆球形或长圆形。果皮薄且具有韧性，易剥落。皮呈橙红色或淡黄色。果肉细柔滑爽，汁多，味甜中带酸。

【烹饪应用】枇杷主要用于制作甜菜，可作为宴席水果，可加工成罐头、果酒、果酱、果膏等。枇杷核含有淀粉，可用于酿酒。

【品质鉴定】优质枇杷新鲜，果皮茸毛不脱落，个头大而均匀，柄长适中，汁多味甜，果肉厚而质细，核小，无损伤。

【注意事项】加热时间不宜过长。

【储存方法】低温储存。

7. 蓝莓

蓝莓又称蓝梅、笃斯、笃柿、甸果、地果、龙果等。

【产地】产于黑龙江、内蒙古和吉林等地。

【产季】夏季。

【特征特点】蓝莓的果实大小、颜色因种类而异。多数品种成熟时果实呈深蓝色或紫罗兰色（如兔眼蓝莓、高丛蓝莓和矮丛蓝莓等），少数品种为红色。果实有球形、椭圆形、扁圆形或梨形。果肉细软，多浆汁，酸甜适口，香气宜人。

【烹饪应用】蓝莓可鲜食，还可用来制作蓝莓果冻、蓝莓果酱、菜肴的辅料等，是常见西式甜点、菜肴的盘饰用品。

【品质鉴定】优质蓝莓果实新鲜，充分成熟，酸甜适口，富有清香。

【注意事项】蓝莓种子细小，食用时可随果肉食下而不影响口感。

【储存方法】低温储存。

8. 毛叶枣

毛叶枣又称印度枣、台湾青枣、西西果，因其叶背有茸毛而得名。

蓝莓　　毛叶枣

【产地】产于四川、广东、广西等地。

【产季】秋季。

【特征特点】毛叶枣形似苹果，表面略有纵沟。嫩果的果皮为绿色，成熟后为黄色，老熟后为红色。嫩果的果肉为白色。毛叶枣营养丰富，皮薄肉厚，脆嫩多汁，清甜可口，有“热带小苹果”的美称。

【烹饪应用】毛叶枣可鲜食，还可用于制作枣干、果脯、果酱、甜菜。

【品质鉴定】优质毛叶枣个头大，颜色鲜亮，香味浓郁，味甜，无损伤。

【注意事项】受伤的毛叶枣容易变质腐烂，不能储存和食用。

【储存方法】低温储存。

9. 杏

杏又称杏子、甜梅、文杏、接杏等。

【产地】产于全国各地。

【产季】夏季。

【特征特点】杏为圆形、长圆形或扁圆形核果。果皮多为白色、黄色至黄红色，向阳部分常有红晕和斑点，微被短而柔的毛。果肉多汁，成熟时不开裂。核面平滑，没有斑、孔，核边缘厚而有沟纹。杏仁多为苦味或甜味。

【烹饪应用】杏肉可采用蜜汁、拔丝、烩、熘、炒、炸等方法制作各种热菜或烩制甜羹，杏仁可用于制作多种热菜和凉菜，杏脯、杏干可做甜菜、甜点及糕点的馅心。杏还可加工成罐头、果汁、蜜饯、果脯、果酒、果醋、果酱等。

【品质鉴定】优质杏个头大，汁多，香味浓郁，味甜，无损伤。

【注意事项】受伤的杏容易变质腐烂，不能储存和食用。

【储存方法】低温储存。

10. 李子

李子又称夏李、李实、布霖、玉皇李、山李子等。

杏

李子

【产地】产于全国各地。

【产季】夏季。

【特征特点】饱满圆润，口味甘甜。

【烹饪应用】李子可作为主料单独成菜，也可作为配料，还可与其他水果一同凉拌。生李子可采用蜜汁、拔丝、炸、炒、熘、蒸等方法制成热菜，可整只酿馅蒸食，也可切片后作为配料炒、熘。其糖水罐头制品可用于烩制甜羹或制作蜜汁、拔丝类菜肴。李子多作为一般甜菜、甜点的辅料，在糕点制作中用途更广泛。李子可制成果酱、蜜饯、李干等，还可用于酿制果酒。

【品质鉴定】用手指捏时感觉较硬，尝之有涩味者，太生；捏时略具弹性，尝之甜脆适度者，正好食用；捏时感觉柔软，尝之甜蜜者，正好食用。一般果皮带有果霜者为合格品，无霜且带水渍者，则已受伤。优质李子个头大，果肉肥厚，汁多，香味浓郁，味甜，无损伤。

【注意事项】未熟透的李子不要吃。李子过量食用易引起虚热，损伤脾胃。熟透的李子容易腐烂，不宜久放。

【储存方法】低温储存。

第二节　果干与果仁

一般把鲜果的干制品称为果干，烹饪中作为原料使用的果仁通常指某些干果的种子或种仁，有时也包括部分果实。

一、果干

果干由鲜果干制而成，采用干制法降低鲜果水分、重量和体积，为运输和销售创造了有利的条件。此外，干制能提高某些营养物质的含量，使成品具有特别的风味，便于久存，并能调剂地区和季节之间的供应差异。

1. 红枣

红枣又名大枣、干枣、枣子，起源于中国，在中国已有 4 000 多年的种植历史。红枣由成熟的鲜枣干制而成。

【种类】红枣分为小枣和大枣。

【产地】产于全国各地，主要产于河北、河南、山东、陕西、甘肃、山西等地。

【产季】秋季。

【特征特点】红枣的果实呈卵形或长圆形，成熟后为深红色，且多褶皱。皮薄肉厚，内核细长，两端尖锐。果肉近黄色，汁少味甘。

【烹饪应用】红枣适于烧、煨、蒸、炖、蜜汁、扒、煲、拔丝等，也可用于制作甜菜，还可作为咸味菜肴的配料，或制成枣泥，作为糕点的馅心等。红枣有时还可作为菜肴的装饰。

【品质鉴定】优质红枣干湿适度，枣肉与枣核不粘连，颗粒大且均匀；果皮薄，皱纹少而浅，皮色紫红或深红；肉质紧实细腻，甜味浓；枣核小。

【注意事项】烹调时，红枣应去核后再加工。

【储存方法】气调储存。

2. 乌枣

乌枣又称熏枣、黑枣，由鲜大枣煮熏而成。

红枣

乌枣

【产地】产于山东、河北等地。

【产季】秋季。

【特征特点】乌枣表面油亮乌紫且多细纹，皮薄肉肥，粒大核小，有油分，甜蜜耐嚼，且有熏制的香味。

【烹饪应用】乌枣烹调用途与红枣相同，可用于制作甜菜或糕点的馅心。

【品质鉴定】优质乌枣大小均匀，色泽乌亮，皮薄体干，皱纹浅细，肉质紧实细腻，口味甜糯。

【注意事项】烹调时，乌枣应去核后再加工。

【储存方法】气调储存。

3. 葡萄干

葡萄干是在日光下晒干或在阴凉处晾干的葡萄的果实。

【种类】根据葡萄品种不同，分为白葡萄干和红葡萄干两种。

【产地】产于新疆。

【产季】夏秋两季。

【特征特点】白葡萄干无核，呈绿白色，粒小，有透明感，肉质细腻，味甜美。红葡萄干皮为紫红色或红色，粒大，有透明感，肉质较差，味酸甜。

【烹饪应用】葡萄干在烹饪中应用较广，有配色、提味和增香甜的作用，常用于制作糕点配料或馅心，也是甜菜中常用的配料和花色炒饭的配料。

【品质鉴定】优质葡萄干颗粒饱满，质地干软，色绿，味甜，未霉烂，以白葡萄干为佳。

【注意事项】烹调时一般使用无籽葡萄干。

【储存方法】气调储存。

4. 柿饼

柿饼是由鲜柿烫去表皮后加工而成的干制品。

葡萄干

柿饼

【产地】产于山东、河北、河南、山西、陕西等地区。

【产季】秋季。

【特征特点】柿饼形状扁平，呈圆形，表面有白色柿霜，肉为深橘红色，口感软糯，味甜。

【烹饪应用】柿饼多用于制作甜菜和点心馅料。

【品质鉴定】优质柿饼个头大，圆整，边缘厚而不裂，柿霜厚而白，肉为深橘红色，无核或少核，肉质软糯，香甜无涩味。

【注意事项】不宜空腹食用太多柿饼。

【储存方法】气调储存。

5. 桂圆干

桂圆干又名益智、龙眼肉，是鲜桂圆经过焙制或晒干而成的干果。

【产地】产于福建、台湾、广西和广东等地。

【产季】秋季。

【特征特点】肉厚、味甜、香浓。

【烹饪应用】桂圆干适于作为炖菜、煲汤的配料，也用于制作点心馅料。

【品质鉴定】优质桂圆壳薄并呈姜黄色，肉厚核小，味清甜。

【储存方法】气调储存。

6. 荔枝干

荔枝干是用鲜荔枝经晒干或火焙制成的干制品。

【产地】产于福建、台湾、广西和广东等地，以广东所产为佳。

桂圆干

荔枝干

【产季】夏初。

【特征特点】肉色金黄，口味清甜。

【烹饪应用】荔枝干多用于制作甜菜或点心馅料。

【品质鉴定】优质荔枝干壳薄色艳，肉厚味香，口感清甜。

【储存方法】气调储存。

二、果仁

1. 核桃仁

核桃又称胡桃。核桃仁即核桃的种仁。

【产地】产于全国各地，主要产于北方各地及西南地区。

【产季】秋季。

【特征特点】核桃果实近球形。果皮坚硬，有浅的褶皱，呈黄褐色。核桃仁呈不规则的块状，由四瓣合成，皱缩多沟，凹凸不平，外被棕褐色的薄膜状皮，不易剥落。核桃仁肉呈黄白色，质脆嫩，味干香。

【烹饪应用】鲜核桃仁适于炒、拌等，或作为菜的配料。干核桃仁一般适于炸、炒、炖、煲、爆、焖等，可制作甜菜及点心馅料，还可制成糖果或炒货。

【品质鉴定】优质核桃个头大，壳薄。核桃仁肉质肥厚，色黄白，含油量高，未霉变，无虫蛀。

【注意事项】不要将核桃仁薄皮剥掉，这样会损失部分营养。

【储存方法】气调储存。

2. 花生仁

花生又称长生果、落花生。花生仁即花生的种仁。

【产地】产于全国各地，主要产于黄河中下游地区。

【产季】秋季。

核桃仁

花生仁

【特征特点】花生荚果呈长椭圆形。皮壳为草质，有凸起的网脉，色近黄白，硬而脆，易剥落。每果含花生仁 1 ~ 4 粒。花生仁呈长圆形或近球形，外有红色或淡红色膜衣。花生仁呈白色，质脆嫩，味甘而香醇。

【烹饪应用】花生适于炒、爆、熘、炸、煮、卤等。花生仁可生食或熟食，可单独成菜或与其他原料配合食用，可做点心馅料，可制成炒货佐餐下酒，还可制成花生乳。

【品质鉴定】优质花生仁均匀、干爽、饱满，味微甜，未霉烂。

【注意事项】花生霉变后含有大量致癌物质黄曲霉毒素，所以霉变的花生不能食用。

【储存方法】气调储存。

3. 栗子

栗子又称板栗，一般指栗子树果实中所藏的坚果。

【产地】产于全国各地，主要产于华北地区。

【产季】秋季。

【特征特点】栗子树果实呈球形，果壳外生有尖锐被毛的刺，每果内藏 2 ~ 3 个坚果。坚果为深褐色，质干硬，一面平，另一面呈弧形，一端微凸，另一端微尖。果肉上覆盖一层浅褐色薄膜，果肉为白黄色，汁少味甘，脆硬干香。

【烹饪应用】栗子适于烧、炸、煨、炒、炖、扒、焖等，可作为菜肴的配料，可磨粉制作各种糕点。“糖炒栗子”是著名的炒货。

【品质鉴定】优质栗子果实饱满均匀，色泽深，肉质细腻，甜味浓厚，富有糯性。

【注意事项】栗子不宜放在水中长时间加热，多用过油定型或蒸熟定型的方法处理后另行加工，以保持形态完美和滋味纯正。

【储存方法】气调储存。

4. 白果

白果是银杏的种子。

【产地】产于江苏、浙江、安徽、广东、广西等地。

栗子

白果

【产季】秋季。

【特征特点】白果有三层种皮，外种皮为肉质，中种皮为骨质，内种皮为膜质，内有种仁。成果出售时须脱去外种皮，呈白色核果状。白果食其种仁，其味甘美，口感软糯。

【烹饪应用】白果适于蒸、焖、煲、炒、炖、烩、烧等，也适于做甜菜，可作为菜肴的主料或配料，也可作为糕点的配料。

【品质鉴定】优质白果粒大饱满，洁白光亮，壳坚实，未破损、霉变。

【注意事项】白果内含有多种有毒成分，多食易中毒，也不宜生食，烹饪中应注意控制其用量。

【储存方法】气调储存。

5. 杏仁

杏仁又称杏核仁、木落子等，是将杏的内核去掉硬壳所得的种仁。

【种类】根据品种不同有甜杏仁、苦杏仁之分。

【产地】产于黄河以北，主要产于河北、辽宁、内蒙古、山西、山东、北京等地。

【产季】夏季。

【特征特点】杏仁呈心脏形，略扁，顶端尖，基部钝圆，左右不对称。皮为棕红色或暗棕色，表面有细微皱纹。杏仁具有特殊的清香味，略甘且苦。甜杏仁可供食用，苦杏仁味苦且有微毒。

【烹饪应用】杏仁适于烧、炒、爆、炖、烩等，可制作点心和甜菜，也是制作炒货的原料。

【品质鉴定】优质杏仁体干，颗粒完整均匀，无杂质、虫蛀，无异味。

【注意事项】杏仁具有特殊气味，在加工中要严格掌握其用量。

【储存方法】气调储存。

6. 莲子

莲子又称莲实，是莲的成熟种子。

【种类】按出产季节不同分为夏莲和秋莲，按皮色不同分为红莲和白莲，按种植地不同分为家莲、湖莲和田莲。

杏仁

莲子

【产地】产于湖南、湖北、福建、江苏、浙江、江西等地。

【产季】夏秋两季。

【特征特点】莲子呈卵圆形，两头略尖。表皮为红棕色或黄棕色，有皱纹，紧贴于种仁上，不易剥离。一端有深红棕色突起，多有裂口。莲子去皮后呈黄白色，有种仁两片，肥厚，质地坚硬，中央含有绿色胚芽，味甘淡，含有丰富的淀粉，口感软糯爽口。

【烹饪应用】干、鲜莲子均可食用，适于蒸、煨、烩、煮、扒、拔丝、蜜汁等，可作为菜肴的配料，也可用于制作糕点的馅心。

【品质鉴定】优质莲子颗粒饱满，粒大质重，肉厚色白，干爽洁净，无杂质、异味。

【注意事项】食用莲子时要除去莲心。

【储存方法】气调储存。

7. 松子

松子又称海松子、新罗松子，是红松树的种子。

【产地】产于东北、西南、西北等地，以东北出产的为佳。

【产季】秋季。

【特征特点】松子种仁称为松仁，形状为倒三角锥形或卵形，外包木质硬壳，壳内为乳白色果仁。果仁外包一层薄膜，味甘香浓郁。

【烹饪应用】松子适于炒、爆、熘、烧、炸等，在菜肴中多作为配料，可做点心馅料和装饰料，还是制作炒货的原料。

【品质鉴定】优质松子粒大完整，均匀干爽；仁肉饱满，色白；无异味，碎粒少。

【注意事项】储存松子时须注意防潮、防热，以免变质。

【储存方法】气调储存。

8. 榛子

榛子又称山板栗、尖栗、棰子等，是榛树的果实，为我国特产。

【产地】产于内蒙古、黑龙江、吉林、辽宁、河北等地。

【产季】秋季。

松子

榛子

【特征特点】坚果近球形，圆而稍尖，像锥栗，也称榛栗。

【烹饪应用】榛子仁主要用于炒制，也可作为糕点、糖果的配料。

【品质鉴定】优质榛子粒大完整，均匀干燥，壳薄，仁肉饱满，无异味。

【注意事项】存放时间较长后不宜食用。

【储存方法】气调储存。

9. 腰果

腰果是一种肾形坚果，又名树花生、槚如树、鸡腰果、介寿果等，是腰果树的果实。

【产地】产于海南、云南、广东、福建和台湾等地。

【产季】秋季。

【特征特点】腰果剥去坚硬壳皮后的仁即为腰果仁。腰果仁为乳白色，呈肾形，有清香味，口感脆嫩。

【烹饪应用】腰果适于炒、爆、炸等，多作为配料。

【品质鉴定】优质腰果整齐均匀，仁肉色白饱满，味香干爽，无碎粒，无异味，含油量高。

【注意事项】腰果不宜久存，有哈喇味儿的腰果不宜食用。

【储存方法】气调储存。

10. 开心果

开心果又称阿月浑子、胡榛子、无名子。

腰果

开心果

【种类】分为短果和长果。

【产地】产于新疆。

【产季】夏季。

【特征特点】短果果实为卵形，呈黄白色；长果果实为长卵形，果面有红晕，果实顶端尖。

【烹饪应用】开心果适于制作炒、爆、炸制菜肴，多作为配料，可做点心馅料及装饰料等。

【品质鉴定】优质开心果整齐均匀，仁肉饱满，味香干爽，无碎粒，无异味，含油量高。

【注意事项】开心果不宜久存，有哈喇味儿的开心果不宜食用。

【储存方法】气调储存。

第三节 糖制果品

糖制果品是将新鲜水果加糖煮制或用糖腌渍，再经过不同的加工程序，最后脱水干制成凝胶状，并保持独特风味及色泽的鲜果制品的总称。糖制果品大致可分为蜜饯类和果酱类两类。

一、蜜饯类

1. 蜜枣

枣制成的果脯称为蜜枣，由鲜枣加浓糖浆熬制而成。

【产地】产于我国北方。

【产季】秋季。

【特征特点】蜜枣成品为扁圆或椭圆带扁形，呈红褐色，枣皮半透明，肉质细柔致密，口感甜糯。

【烹饪应用】蜜枣可作为甜菜的配料，也可作为糕点的馅心。

【品质鉴定】优质蜜枣颗粒大，无核，有光泽，不黏手，果肉有韧性。

【储存方法】干燥储存。

2. 橘饼

橘饼是用带皮的橘子加工而成的天然食品，选用柑橘经洗涤、划缝、硬化处理后，用糖浸渍，再拌糖粉制成。

【产地】产于全国各地。

蜜枣

橘饼

【产季】冬季。

【特征特点】橘饼呈扁菊花状，果肉柔嫩略韧，食时无粗糙感，呈金黄色或橙黄色，半透明，清香微辣。

【烹饪应用】橘饼常作为甜菜的配料，也可作为糕点的馅心。

【品质鉴定】优质橘饼形状完整，糖液渗透均匀，组织饱满，酥松香甜，无渣无核。

【储存方法】干燥储存。

3. 瓜条

瓜条又称糖冬瓜，选用青皮、瓜肉肥厚的鲜冬瓜为原料，经过剥皮、切条等工艺，配以白砂糖精制而成。

【产地】产于全国各地。

【产季】秋季。

【特征特点】颜色洁白，略透明，质地松软，口感甜爽。

【烹饪应用】瓜条常作为甜菜的配料，也可作为糕点的馅心。

【品质鉴定】优质瓜条表面干燥，呈白色半透明状，糖霜厚薄均匀，不粘连，糖液渗透均匀，组织饱满，口感清脆，食时无纤维感。

【储存方法】干燥储存。

4. 青红丝

青红丝又称红绿丝，是选用柚皮或橘皮作为原料，染上色素，用糖腌渍并烘干而成。

【产地】产于我国南方。

【产季】一年四季。

【特征特点】青红丝成品呈长丝状，色彩艳丽。

【烹饪应用】青红丝是丰富食品色彩的常用原料，也可作为糕点的馅心。

【品质鉴定】优质青红丝疏散，不结团，表面干燥，颜色纯正。

【储存方法】干燥储存。

瓜条

青红丝

二、果酱类

1. 草莓酱

草莓酱是以草莓的鲜果为主要原料，辅以冰糖、蜂蜜、明胶等材料加工而成的果酱制品。草莓酱是各类果酱中的主要品种。

【产地】全国各地。

【产季】一年四季。

【特征特点】草莓酱色泽淡红明亮，质地浓稠，入口味甜微酸，有果肉的颗粒感，具有草莓特有的果香。

【烹饪应用】草莓酱多用于甜菜类菜品和面点、小吃的制作。

【品质鉴定】优质草莓酱颜色自然，带半透明感，具有草莓特有的水果香气和味道，口感柔软有弹性，无异物、杂质。劣质草莓酱颜色灰暗，无光泽，完全呈凝冻状态，香气不足，口感差。

【注意事项】草莓酱多为罐头制品，开盖后应尽快使用，防止霉变或酸败变质。

【储存方法】密封、冷藏。

2. 山楂糕

山楂糕又称京糕、晶糕、金糕，是山楂的再制品。制作时，选用鲜山楂经过清洗后煮沸，捣碎取泥，再加入热的浓糖浆搅拌均匀，冷却后即成山楂糕。

【产地】产于我国北方，以北京所产的较为著名。

【产季】一年四季。

【特征特点】山楂糕改善了山楂口味苦酸的缺点，入口化渣，还保持了其中的营养成分。

【烹饪应用】山楂糕适于制作炸、拔丝类菜肴，可作为菜肴的装饰料，也可作为糕点的馅心。

【品质鉴定】优质山楂糕糕块完整，表面油润，糖液均匀，组织软润有弹性，无明显粗糙感，呈半透明状，色泽一致，甜酸适度，有原果风味，无异味。

【储存方法】干燥储存。

山楂糕

思考与练习

1. 举例说明果品类原料的三大类型。

2. 苹果、梨、桃在烹饪中各有何应用?

3. 如何鉴定杏和李子的品质?

4. 烹饪中使用板栗时应注意哪些事项?

5. 实地走访农贸市场，调查各季节果品的来源、价格等，并写出调查报告。

第四章 畜类原料

学习目标

1. 掌握畜类原料的主要种类及其制品的相关知识。
2. 掌握乳及乳制品的品质鉴定标准与储存方法，熟练掌握其在烹饪中的应用。

畜类原料是动物性原料中的家养哺乳动物原料及其制品的总称，是人们日常生活中的重要食物来源，猪肉、牛肉、羊肉在人们的膳食结构中占有较大比重。

第一节　常见畜肉及家畜副产品

一、常见畜肉

家畜是人类为满足生活需要，经过长期饲养而驯化的哺乳动物。家畜主要包括猪、牛、羊、兔、马、驴、骡、狗、骆驼等。

1. 猪肉

猪肉是我国人民最重要、最常见的动物性食品原料之一。

【种类】我国的猪分为华北型（如新金猪、东北民猪、哈白猪）、华南型（如广东梅花猪）、华中型（如浙江金华猪、湖南宁乡猪、湖北监利猪）、西南型（如四川内江猪和荣昌猪）、江海型（如太湖猪）、高原型（分布于青藏高原），猪肉可作相应分类。

【产地】产于全国各地。

【产季】一年四季，民间以冬季“杀年猪”期间的猪肉最为肥美。

【特征特点】猪肉总体来讲肉质细嫩，脂肪含量高且与瘦肉分层明显，一般其脂肪洁白，肌肉组织为红色或粉红色，含水量适当。

【烹饪应用】猪肉适于用各种方法烹制，如炒、熘、卤、烧、炖、煎、扒等。我国各大菜系以猪肉为原料制作的菜肴都很多，猪肉广泛应用于各类冷菜、热菜和面点中。

【分档选用】可根据菜肴具体要求选择不同部位的肉，如下图所示。猪肉分档及烹调用途见表 4–1。

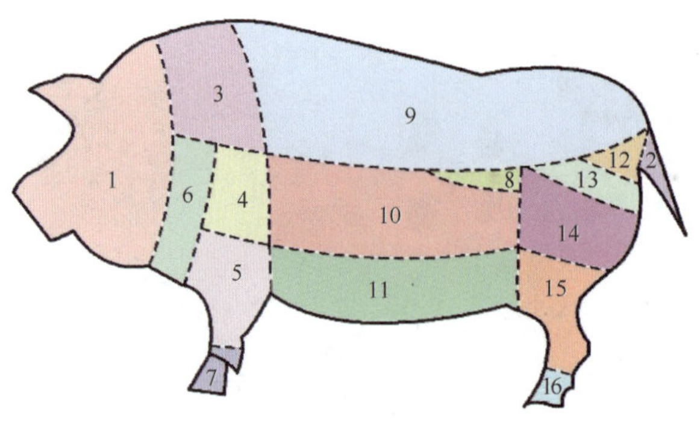

猪肉分档

1—猪头　2—猪尾　3—上脑　4—前胛肉　5—前蹄髈（又名前肘）　6—槽头肉
7—前脚爪　8—里脊　9—通脊　10—五花肉　11—拖泥（又名奶脯）
12—臀尖　13—坐臀肉　14—弹子肉　15—后蹄髈（又名后肘）
16—后脚爪

表 4-1　　猪肉分档及烹调用途

项目 部位	说明	特征特点	烹调用途
槽头肉	又称颈肉、血脖、项圈，位于前肘与猪头之间	肥瘦混杂，看似肥膘，但脂肪含量不高。肉质粗老而带韧性	适于熬油、制肉馅
前胛肉	又称夹心肉、夹缝肉，为猪前腿上包着扇子骨的肉	肉质嫩但筋多，肌纤维横竖不规则，吸水力强	宜炸、熘、炖、制馅等
五花肉	又称保肋、五花肋条肉，位于猪前腿和后腿之间，是通脊以下、奶脯以上的一块方肉	有硬五花、软五花之分。硬五花是贴着肋骨的一块板肉，肥肉多，瘦肉少。硬五花以下部分为软五花，肥瘦相间	宜粉蒸、烧、炸、制馅等
通脊	又称背柳、扁担肉，是位于脊椎骨上的长条形肉	因形似扁担而得名。色白，纤维细短，肉质细嫩	宜炒、熘、炸、氽等
坐臀肉	又称坐板肉、二刀肉	肥瘦相间，瘦多于肥，无骨少筋，肉质较嫩	宜煎、炒、烧、烤，也适于做酱肉、腌肉
弹子肉	又称拳头肉、元宝肉，是位于后腿棒子骨前的一块球形瘦肉	呈椭圆形，外被薄膜，肉质较嫩，但有筋，肌纤维横竖交叉	宜熘、炒、烧，也可用于氽汤

【注意事项】猪肉本身无腥膻异味，在烹饪调味时选择多样。穆斯林禁食猪肉，在我国某些地区应回避。老母猪肉、病死猪肉、寄生虫污染的猪肉等不能食用。

【储存方法】冷藏、冰藏、冷冻、干制（腌）、高温储存。

2. 牛肉

牛肉含有丰富的蛋白质、氨基酸，可补中益气，滋养脾胃，强筋健骨。

【种类】较著名的有蒙古黄牛、秦川黄牛、鲁西黄牛、牦牛（分布于青藏高原、川西、甘南）、水牛（分布于长江以南）及各类引进品种（如西门塔尔牛）等，牛肉可相应分类。

【产地】产于全国各地。

【产季】一年四季。

【特征特点】牛肉色泽暗红，脂肪微黄，肌纤维明显，鲜肉有特有的腥膻味。

【烹饪应用】牛肉在烹饪中用途广泛，根据牛肉所处部位不同可采用多种方法烹制，如烧、烤、炒、爆、熘、红烧、卤、煮、焖、炖、煨等。

【分档选用】首先，根据牛的品种优良程度进行选择，如我国较好的品种有蒙古黄牛、秦川黄牛和鲁西黄牛。其次，根据不同的烹调方法和菜肴要求选择不同部位的肉（牛肉分档如下图所示）。一般老牛、病牛、水牛、耕牛等的肉不选。牛肉分档及烹调用途见表 4–2。一般以一年生以下的牛的肉为佳。

牛肉分档

1—牛头　2—颈肉　3—上脑　4—前胛肉　5—胸口　6—肋条　7—前后腱子
8—牛腩　9—扁肉　10—牛柳　11—三叉　12—黄瓜条
13—牛尾　14—外脊　15—仔盖

【注意事项】牛肉肉质相对较粗老，加工时应横筋切，以保证其鲜嫩的口感。另外，牛肉本身有较重的异味，可在烹调前进行相关处理。

【储存方法】冷藏、冰藏、冷冻、干制、高温储存。

表 4-2　　牛肉分档及烹调用途

项目 部位	说明	特征特点	烹调用途
上脑	又称喜头子，位于脊背前部，靠近后脑	肉红白相间，筋少，肉质较肥嫩	宜炒、炸、烧、烤、蒸
肋条	又称腹肋，位于腹腔两侧	肉质肥，瘦肉少且筋膜多	宜慢火久烹，如清炖、红烧
牛腩	又称胸脯、肚脯、脯腹、弓窕，位于牛的腹部	呈带状，肉薄，外有薄膜，中有板筋，结缔组织多	宜烧、炖、卤
外脊	又称通脊，位于三叉之前，为脊侧两边的条状肉	底有板筋，肉质瘦而细嫩	宜熘、炒、烤、拌
牛柳	又称牛里脊，位于牛外脊的后下方，紧靠后腿上部	全部是瘦肉，为牛肉中最细嫩的部分	宜炒、爆、熘、蒸、汆
和尚头	又称兔蛋，位于牛的后腿	形似卵，由五条筋合拢而成。表面光滑，肉质较嫩	最宜炒，也可卤、烧、炖
后腱子	位于后腿中部，为一椭圆形的瘦肉	筋多，断面有云状花纹，肉质较老	宜卤、腌、拌

3. 羊肉

羊肉性温，有补益效果，最适宜冬季食用。

【种类】分为绵羊肉、山羊肉。

【产地】产于全国大部分地区，以内蒙古、四川所产为佳。其中绵羊主要产于内蒙古、新疆、西藏。

【产季】一年四季。

【特征特点】绵羊肉质紧实，色暗红，肌纤维细且较软，脂肪色白，肌间脂肪少，膻味小。山羊肉质不如绵羊肉质紧实，肉、脂均有明显膻味。

【烹饪应用】羊肉应用广泛，多用于清真菜肴，适于炒、爆、熘、炸、烧、烤、蒸、煮等，成菜如“葱爆羊肉”“蒸羊肉”“孜然羊肉”“羊肉火锅”等。

【分档选用】以一年生羔羊的肉为佳。应根据不同的烹调方法和菜肴要求选择不同部位的肉。羊肉分档如下图所示。

羊肉分档

1—羊头 2—羊尾 3—前腿 4—颈肉 5—脊背 6—肋条
7—胸脯 8—奶脯 9—后腿 10—前后腱子 11—腰柳

【注意事项】不同羊肉因品种、部位等不同因素，在质地、味道上有较大差异。因此，应注意选料及对膻味的处理。

【储存方法】冷冻、冷藏、冰藏、干制、高温储存。

4. 兔肉

兔肉属于高蛋白质、低脂肪、低胆固醇的肉类。

【种类】分为家兔肉和野兔肉，家兔肉又称为菜兔肉。

【产地】产于全国各地。

【产季】一年四季。

【特征特点】兔肉质地较猪肉、牛肉、羊肉细嫩，且蛋白质含量高，脂肪含量低，消化吸收率高，营养丰富，故兔肉被称为“保健美容肉”。

【烹饪应用】兔肉适于烧、炒、爆、熘、烤、煮、卤、凉拌等，是各类冷菜、热菜、面点的重要原料。

【品质鉴定】优质兔肉新鲜，无腥臭味。亚成年兔肉质较佳。

【注意事项】兔肉本味鲜香，但草腥味较重，因此烹调时应注意合理处理。

【储存方法】冷冻、冷藏、冰藏、活养。

兔

二、家畜副产品

1. 畜头

畜头即家畜的头部。

【种类】分为猪头、牛头、羊头、兔头等，烹饪中以猪头最为常见。

【特征特点】猪头肉皮厚且肉少，无筋膜，富含胶质。烹熟后质地或柔韧而糯，或柔中带脆。

【烹饪应用】畜头广泛用于制作冷热菜，适于炒、烧、卤、炸、扒、拌等。

【品质鉴定】优质畜头新鲜无异味，头形完整，无残毛。

【注意事项】初加工时注意保持其形态完整，去尽残毛。

【储存方法】低温冷藏、干（腌）制。

2. 畜尾

畜尾即家畜的尾巴。

【种类】分为猪尾、牛尾、羊尾等，烹饪中以猪尾最为常见。

【特征特点】畜尾由皮质和多节骨组成。猪尾又称“节节香”“皮打皮”，富含胶质。牛尾肉质肥美，最适宜清炖。

【烹饪应用】畜尾适于烧、卤、拌、清炖等。

【品质鉴定】优质畜尾新鲜肥美，形态完整，无残毛。

【注意事项】初加工时注意保持其形态完整，去尽残毛。

【储存方法】低温冷藏。

3. 畜蹄

畜蹄即家畜的脚掌。

【种类】分为猪蹄、牛蹄、羊蹄、驼掌等，烹饪中以猪蹄最为常用。

【特征特点】猪蹄又称蹄爪、猪手、猪脚，有前后之分，位于前肘、后肘以下，以皮筋为主，胶质丰富。牛蹄又称牛掌，经去壳、火燎、浸泡、刮洗、焖煮、拆骨后供烹调食用，牛蹄富含胶质。

【烹饪应用】畜蹄适于烧、炖、卤、拌等。

【品质鉴定】猪的前蹄短而粗壮，皮厚，胶质丰富，异味较小，品质优于后蹄。

【注意事项】初加工时注意保持其形态完整，去尽残毛。

【储存方法】低温冷藏。

4. 畜肝

畜肝即家畜的肝脏。

【种类】烹饪中常用的有猪肝、牛肝、羊肝。

【特征特点】畜肝呈扁平状，一般为红褐色。肝实质细胞含水量大，使整个肝脏质地脆嫩。

【烹饪应用】畜肝多采用旺火速成的方法烹制，如爆、炒、熘等，也可酱、卤，但其成品质地较硬。

【注意事项】因畜肝质地脆嫩，含水量大，所以应采用旺火速成的烹调方法。烹调时应注意防止原料脱水，保持脆嫩，除其腥味、异味。畜肝不宜长时间存放，稍有变质时气味会变重。

【储存方法】低温冷藏。

5. 畜心

畜心即家畜的心脏。

【种类】烹饪中常用的是猪心、牛心、羊心。

【特征特点】畜心为中空的肌质器官。它上部宽大，为心基；下部尖，为心尖。畜心表面有环形的冠状沟。畜心最具有食用价值的部位是心脏壁，共分三层，均由心肌纤维构成。

【烹饪应用】畜心常用于爆、炒、卤等，也可用于制作汤菜，成菜如“卤猪心”“炒心花”“三鲜汤”等。

【注意事项】畜心不宜长时间存放，稍有变质时气味会变重。

【储存方法】低温冷藏。

6. 畜肾

畜肾即家畜的肾，俗称腰子。

【种类】烹饪中使用的畜肾以猪肾为主。

【特征特点】猪肾呈豆形，较长扁，对生，呈土黄色或微带红色，外有透明的纤维膜。肾分为皮质部和髓质部，皮质部为主要食用部位。

【烹饪应用】猪肾适于爆、炒、汆、炝、熘等，也可用于制作凉菜，成菜如“火爆腰花”“肝腰合炒”“椒麻腰片”“熘腰花”等。

【注意事项】猪肾髓质部俗称腰臊、尿臊，有尿臊味，一般除去不用。烹调加工时常在皮质部剞上花刀，以便短时间加热至熟，入味均匀。颜色深红或发黑的腰子俗称血腰，是因放血不净所致，其腥臊味较重且影响菜肴色泽，不宜选用。

【储存方法】短时低温冷藏。

7. 畜胃

畜胃俗称肚子，前端与食管相接，后端与十二指肠相通，分为单室胃和多室胃。

【种类】烹饪中使用的畜胃以猪肚、牛肚、羊肚为主。

【特征特点】猪肚为单室胃，呈扁平弯曲的囊状，左端大而圆。其幽门括约肌厚实，行业上称为肚尖、肚头或肚仁。牛肚、羊肚属多室胃，包括瘤胃、网胃、瓣胃、

皱胃。牛的瘤胃最大，网胃最小，又分别称为第一胃、第二胃。瓣胃黏膜形成百余片瓣叶，呈新月形，俗称百页肚、毛肚。皱胃的结构与单室胃相似。

【烹饪应用】畜胃可用多种方法烹制，如爆、炒、烧、煮、拌、煨、卤等。

【注意事项】畜胃在初加工时常采用盐醋搓洗、烫洗等方法，去掉黏液及一部分黏膜，以便去除其腥臊异味。总的来讲，瘤胃、网胃的口感及利用价值优于瓣胃和皱胃。

【储存方法】短时低温冷藏。

8. 畜肠

畜肠即家畜的肠。

【种类】畜肠分为畜大肠和畜小肠，烹饪中使用较多的是猪肠、羊肠和牛肠。

【特征特点】畜大肠的管径较粗，肌层较厚，黏膜表面光滑，无肠绒毛，又称肥肠，是烹饪中主要使用的部位。畜小肠肌层很薄，一般用于做肠衣。

【烹饪应用】畜肠适于爆、炒、烧、拌、卤、酱、熘、煨等，成菜如“火爆肥肠”“九转大肠”“熘肥肠”等。

【注意事项】若畜肠呈绿色或灰绿色，组织软，无韧性，易断，有腐臭，则不能食用。

【储存方法】短时低温冷藏。

9. 畜肺

畜肺即家畜的肺。

【种类】烹饪中使用较多的是猪肺、牛肺和羊肺。

【特征特点】猪肺、牛肺、羊肺分七叶，表面覆有一层浆膜，平滑、湿润、有光泽。正常的畜肺为粉红色，呈海绵状，质软而轻，富有弹性。

【烹饪应用】畜肺适于煮、拌、卤、煨等，成菜如“奶汤银肺”“夫妻肺片”等。

【注意事项】畜肺在初加工时可从气管直接将水灌入肺内，使肺叶膨胀，从而使血污外溢。

【储存方法】短时低温冷藏、高温储存。

10. 畜舌

餐饮业称畜舌为口条，它是畜类口腔内的一个肌性器官。

【种类】烹饪中使用较多的是猪舌、牛舌和羊舌。

【特征特点】畜舌分为舌尖、舌体和舌根三部分。舌表面覆有黏膜，黏膜较厚，角质化程度较高，称为舌苔。舌以肌肉组织为主，结缔组织少，肉质细腻。

【烹饪应用】畜舌适于煮、拌、卤、烧等。

【注意事项】因舌苔异味较重，初加工时应用沸水泡烫至发白，然后刮去白色舌苔。舌根背侧的固有膜内存在舌扁桃体，初加工时应去掉。

【储存方法】低温冷藏、高温储存。

除以上介绍的家畜副产品外，还有一些品种在烹饪中较常用到，如家畜的皮、尾、脑、脊髓及公畜的外生殖器等。

三、畜肉的品质鉴定及储存方法

1. 畜肉的品质鉴定

家畜经宰杀后，在自身酶的作用下会相继发生僵直、成熟、自溶和腐败等现象，其中成熟阶段的肉最鲜美，自溶阶段的肉开始变质，腐败阶段的肉不能食用。

畜肉的品质鉴定方法包括感官鉴定法、理化鉴定法、微生物与寄生虫鉴定法。检验内容包括畜肉新鲜度检验、异常肉的检验和寄生虫检验。烹饪中常用的是针对畜肉新鲜度的检验方法——感官鉴定法。运用这一方法时，常见各类畜肉的品质鉴定标准见表 4–3 至表 4–5。

表 4–3　　猪肉品质鉴定标准

指标＼类别	新鲜肉	不新鲜肉	变质肉（不能食用）
色泽	肌肉有光泽，呈均匀的红色；脂肪洁白	肌肉色稍暗，脂肪缺乏光泽	肌肉无光泽，脂肪呈灰绿色
黏度	外表微干或微湿，不黏手	外表干燥或稍黏手，新切面湿润	外表极干燥或黏手，新切面发黏
气味	具有鲜猪肉特有的气味	有微酸或陈腐的气味，但在较深层内没有腐败味	有刺鼻的腐败臭味，在较深的肉层也有此味
硬度	肉的切面致密，富有弹性，手指按压后凹陷处能立即恢复	肉较松软，手指按压后凹陷处不能即刻恢复，且不能恢复原状	肉松弛，手指按压后凹陷处不能恢复，且留有明显痕迹
肉汤	肉汤透明芳香，脂肪有良好气味，并大量聚集在表面	肉汤浑浊，无芳香气味，脂肪呈小滴状，浮于表面，无鲜味	肉汤污秽，有黄色絮状物，几乎没有脂肪滴，有严重的臭味

表 4–4　　牛、羊肉品质鉴定标准

类别 指标	新鲜肉	不新鲜肉	变质肉（不能食用）
色泽	肌肉有光泽，呈均匀的红色；脂肪洁白或呈淡黄色	肌肉色稍暗，切面尚有光泽；脂肪缺乏光泽	肌肉色暗，无光泽；脂肪呈黄绿色
黏度	外表微干或有风干的薄膜，不黏手	外表干燥或略微黏手，新切面湿润	外表极干燥或黏手，新切面发黏
气味	具备该种肉的正常气味	有轻微的氨味或脂肪酸败味，但肉的内层无味	有刺鼻的臭味
硬度	肉的弹性大，手指按压后凹陷处能立即恢复	肉较松软，手指按压后凹陷处不能即刻恢复或完全恢复	肉松弛，手指按压后凹陷处不能恢复，且留有明显痕迹
肉汤	肉汤澄清，具有特殊的香味；脂肪团聚集于肉汤表面	肉汤稍浑浊，脂肪呈小滴状浮于肉汤表面，肉汤香味差或无鲜味	肉汤浑浊，有白色或黄色絮状物，脂肪极少浮于表面，肉汤有严重的臭味

表 4–5　　内脏品质鉴定标准

类别 内脏	良好品	变质品
肝	呈深紫红色，表面平滑，有光泽，柔软而有弹性，切面整齐，无臭味	呈红色或暗绿色，表面无黏液，无弹性
心	呈红褐色，质地坚韧，有弹性，无臭味	呈灰褐色，质地变软，无弹性，发黏，带有恶臭味
肾	呈紫红色，有弹性，质地硬，有光泽，切面条纹清晰，无臭味	色暗，部分变绿，弹性差，切面条纹不清，黏腻，有臭味
胃	富有弹性、韧性，质地坚韧而厚实，黏液多，有光泽，无刺鼻气味	无弹性、韧性，质地松软，黏液少，无光泽，内部有硬的小疙瘩，有刺鼻气味
肠	柔软有弹性，呈白色或粉红色，无腐败臭味，有光泽	黏滑无弹性，色变灰绿或暗黑色，无光泽，有腐败臭味，内腔黏腻
肺	呈粉红色，表面光滑，有弹性，无臭味，有灰黑色的灰尘点	呈暗灰色，黏腻，无弹性，有的有灰绿色霉点，有臭味

2. 畜肉的储存方法

畜肉是易腐食品，常温下变质迅速，这主要是由于各种微生物侵害造成的。畜肉储存的关键是抑制有害微生物的生长和繁殖。因此，低温储存是能较长时间保持畜肉新鲜的保鲜方法，目前最为常用。一般低温储存有冷藏（–1 ~ 4 ℃）和冷冻（–12 ℃以下）两种方式。

第二节　畜肉制品

畜肉制品是指以畜肉为主要原料，运用物理或化学方法，配以适量调辅料和添加剂制作的成品或半成品，如香肠、火腿、腊肉、酱卤肉、风干肉等。

一、腌腊制品

腌腊制品是指用食盐、硝、糖、香辛料等对肉类进行加工处理后得到的产品。

1. 火腿

火腿是取猪的前后腿肉，采用腌渍、洗晒、整形、陈放发酵等多种工艺加工而成的腌制品。

【产地】产于浙江（南腿）、江苏（北腿）、云南（云腿）等地。

【产季】冬季，以隆冬所产为最好。

【特征特点】隆冬所产的火腿称为正冬腿，其皮呈金黄色，肉面呈酱黄色，脂肪黏性弱，骨髓呈红色。早冬和春季的产品分别称为早冬腿和春腿，品质次之，其皮呈淡黄色，脂肪黏性强，骨髓呈黄色，有时表面有盐析出。

【烹饪应用】火腿在烹饪中应用广泛，可作为菜肴的主料、辅料及增香料，还可以制作花色拼盘、菜肴点缀或配色料、面点馅心等。

火腿

【品质鉴定】火腿一般分为小爪、蹄髈、上方、下方、油头五个部位，其中上方部位精肉最好，肥膘最少，骨最细，被称为火腿心。火腿品质鉴定方法以感官鉴定法为主，一般采用看、扦、斩三步检验法判断其坚实度、色泽、弹性、组织状态、气味等。正常火腿腿形细直，油头小，腿心长，骨不外露，刀工整齐，呈竹叶形或琵琶形，无斑点、虫蛀，肌肉切面呈深红玫瑰色、桃红色或暗红色，脂肪组织呈白色、黄色或淡红色。

【注意事项】火腿易发生油脂酸败、回潮发霉、虫蛀等现象，所以应将火腿放在阴凉、干燥、通风、清洁处，避免高温及日光照射，力求密闭隔氧。选购时应注意产品卫生，选择正规厂家的产品。

【储存方法】真空包装、冷藏。

2. 腊肉

腊肉是鲜猪肉的加工制品，因在农历腊月加工制作而得名。

【产地】产于广东、四川、湖南、云南等地。

【产季】冬季，以腊月所产为佳。

【特征特点】腊肉的脂肪呈金黄色，质地干爽，有弹性，指压无明显凹痕，具有该制品固有的风味。

【烹饪应用】腊肉在烹饪中应用广泛，适于烧、炒、蒸、煮等，也有增香提鲜的作用。

【品质鉴定】优质腊肉脂肪呈金黄色，质地干爽，有弹性，指压无明显凹痕，具有该制品固有的风味。

【注意事项】腊肉中的油脂易酸败，所以应将腊肉存放在阴凉、干燥、通风、清洁处，避免高温及日光照射。选购时应注意产品卫生，选择正规厂家的产品。

【储存方法】真空包装、冷藏。

3. 腊肠

腊肠因在农历腊月加工制作而得名，多用鲜猪肉加工而成，也有牛肉、鸡肉制品。

腊肉

腊肠

【产地】产于四川、广东、湖南、云南等地。

【产季】冬季，以腊月所产为佳。

【特征特点】腊肠的肉呈鲜红色或暗红色，脂肪半透明或呈乳白色，外表凹凸不平，干爽或微有油腻。

【烹饪应用】腊肠适于蒸、煮、炒、烤、炸等，可用于制作花色拼盘，或作为凉菜直接食用。

【品质鉴定】优质腊肠香气浓郁，有强烈的腊肉味，外皮呈棕红色，肥肉呈羽白色，肠身及瘦肉结实，肥肉散脆。颜色过深、过艳或呈黄色的为劣质腊肠。

【注意事项】一定要挂在阴凉、干燥、通风处，才能形成独特的风味。

【储存方法】冷藏，挂在阴凉、干燥、通风处储存。

二、灌制品

灌制品是将肉类或动物副产品腌渍、切碎，加入辅料后灌入肠衣或经处理的嗉囊、猪膀胱后，再经晾晒、烘烤、煮、熏等工序所得到的肉制品。灌肠制品包括西式和中式两大类。

1. 红肠

红肠属西式灌制品，源于欧洲。

【种类】分为大红肠和小红肠。

【产地】产于全国各地。

【产季】一年四季。

【特征特点】红肠以羊肠为肠衣，肠体细小，形似手指，外表呈红色，肉呈乳白色，鲜嫩细腻，浓香可口。

【烹饪应用】红肠使用方便，适于煮、炸、烤、蒸等，也可作为冷菜直接食用。

【品质鉴定】优质红肠粗细均匀，形似手指，外表呈红色，肉质鲜嫩细腻。

【注意事项】应购买正规厂家的产品，注意产品添加剂的用量不可超标。

【储存方法】真空包装、冷藏、密封。

红肠

2. 哈尔滨红肠

哈尔滨红肠由俄罗斯传入我国。

【产地】产于全国各地。

【产季】一年四季。

【特征特点】哈尔滨红肠的成品为弧形，外表呈枣红色，无斑点和条状黑痕。肠衣干燥，不流油，无黏液，不易与肉馅分离，衣面微有皱纹。切面呈粉红色，脂肪块呈乳白色，肉馅均匀，无空洞，无气泡，组织紧实又有弹性，具有红肠特殊的气味。

【烹饪应用】哈尔滨红肠适于炒、烤、蒸、炸等，可作为冷菜、花色拼盘的原料，还可用于菜肴配色和围边等。

【品质鉴定】优质哈尔滨红肠外表呈枣红色，无斑点和条状黑痕；肠衣干燥，不流油，无黏液，不易与肉馅分离；肉馅均匀，无空洞，无气泡，组织紧实又有弹性，具有红肠的特殊气味。

【注意事项】应购买正规厂家的产品，注意产品添加剂的用量不可超标。

【储存方法】真空包装、冷藏、密封。

哈尔滨红肠

三、其他制品

1. 干制品

干制品是指将畜肉调味或煮熟调味后经脱水加工而成的制品。

【种类】分为肉松、肉干、肉脯。

【产地】产于全国大部分地区。

【特征特点】制品脱水后水分含量降低，可抑制微生物的生长繁殖和酶的活性，利于制品储存。干燥方法有风干、炒干、烘干、低温真空升华等。

【烹饪应用】干制品在烹饪中应用广泛，可用于制作冷菜、装点菜肴，也可用于制作面点、花色拼盘等。

【品质鉴定】优质干制品表面干燥，无霉斑，无异味，咸度适中。

【注意事项】应掌握每种干制品的特征，熟练应用。

【储存方法】干制、真空包装、低温储藏。

2. 熏制品

熏制品是利用木材不完全燃烧所产生的熏烟加工肉类而成的制品。

【种类】种类很多，如熏肉、熏兔、熏猪头、熏猪耳、熏猪舌等。

【产地】产于我国南方。

【产季】冬季。

【特征特点】熏制品表面干燥，呈全黄或黑褐色，具有烟熏香味，耐储存。

【烹饪应用】熏制品适于用多种方法烹制，如烧、煮、炒、蒸等。

【品质鉴定】优质熏制品表面干燥，呈全黄或黑褐色，具有烟熏香味，耐储存，无异味。

【注意事项】应注意熏制品原料质量及熏制品的卫生状况。

【储存方法】真空包装、置于干燥通风处储存、低温冷藏。

此外，酱卤制品和烤制品也在烹饪中广泛运用。酱卤制品是将禽畜肉、禽畜副产品及某些加工过的制品放在酱汤或卤汁中炖煮成熟所得的成品，如五香驴肉、酱肉、酱牛肉、卤肉、卤猪肝等。将原料直接接触热源进行热加工得到的制品称为烤制品，如烤羊腿、烤鸡翅等。

第三节 乳及乳制品

一、乳

乳是哺乳动物从乳腺分泌出的一种白色或稍带黄色的不透明液体。按照不同泌乳期乳的化学成分变化，可将乳分为初乳、常乳、末乳、异常乳。初乳是母畜产仔一周内所产的乳，其营养价值高，但异味较重，一般烹调中不用。常乳是人们饮用及用来加工乳制品的主要乳类。末乳及异常乳都不适于饮用和生产乳制品。人类利用的动物乳主要包括牛奶、羊奶、马奶、鹿奶等。

1. 牛奶

【产地】产于全国各地，以内蒙古、黑龙江、新疆等地所产为佳。

【产季】一年四季，夏秋两季所产较好。

【烹饪应用】牛奶在烹饪中应用广泛，可作为主料、辅料，在面点、小吃中应用较多。牛奶可软炒、蒸、冻、煮等，极具营养价值。

【品质鉴定】新鲜牛奶呈乳白色，稍带微黄色，具有乳香味，加热后尤为明显。优质牛奶呈均匀的胶态，无沉淀，无凝块，无杂质。

【注意事项】牛奶的吸附性强，其气味极易受外界因素影响，储存时应注意与其他有挥发性刺激气味的原料分开存放，以防串味。

【储存方法】以避光、冷藏为主，冷藏温度为 5 ℃左右，一般不冷冻。

2. 羊奶

【产地】产于全国各地，以内蒙古、黑龙江、新疆等地所产为佳。

【产季】一年四季，夏秋两季所产较好。

【特征特点】羊奶被誉为“奶中之王”。羊奶的脂肪颗粒体积为牛奶的 1/3，更利于人体吸收，且长期饮用不会引起发胖。羊奶中的维生素及微量元素含量明显高于牛奶。

【烹饪应用】羊奶可软炒、蒸、冻、煮等。

【品质鉴定】新鲜羊奶呈乳白色，稍带微黄色，具有乳香味，加热后尤为明显。优质羊奶呈均匀的胶态，无沉淀，无凝块，无杂质。

【注意事项】羊奶的吸附性强，其气味极易受外界因素影响，储存时应注意与其他有挥发性刺激气味的原料分开存放，以防串味。

【储存方法】以避光、冷藏为主。

二、乳制品

采用一定的加工方法（如分离、浓缩、干燥、调香、强化等）对鲜乳进行改制所得到的产品称为乳制品。常见的乳制品有炼乳、奶油、酸奶、奶粉和干酪等。

1. 炼乳

炼乳是将消毒后的乳浓缩到原体积的 40% ~ 50% 而成的乳制品。

【种类】炼乳分为淡炼乳和甜炼乳两种，甜炼乳是在加工时加入了 15% ~ 16% 的蔗糖后经过浓缩而成。

【特征特点】淡炼乳呈均匀有光泽的淡奶油色或乳白色，黏度适中，20 ℃时呈均匀的稀奶油状。甜炼乳呈均匀的淡黄色，黏度适中，24 ℃时倾倒可成线状或带状流下。

【烹饪应用】炼乳主要用于调味，也用于制作面点等食品。

【品质鉴定】优质炼乳黏度适中，无凝块，无乳糖结晶沉淀，无霉斑，无脂肪上浮，无异味。

【注意事项】开封后应注意其品质的变化。

【储存方法】冷藏、真空包装。

2. 奶油

奶油是将消毒后的乳分离而得到的稀奶油。

【种类】根据制作方法不同，可分为鲜制奶油、酸制奶油、重制奶油及连续式机制奶油四类。

【特征特点】奶油呈均匀的淡黄色，表面紧密，无霉斑，稠度及延展性适中，具有奶油特有的纯香味，无异味，无杂质，可有少量的沉淀物。重制奶油呈软粒状，熔后透明无沉淀。

【烹饪应用】奶油多用于西点制作，中式面点制作中也较常用，可作为起酥油使用。

【品质鉴定】优质奶油呈均匀的淡黄色，表面紧密，无霉斑，稠度及延展性适中，具有奶油特有的纯香味，无异味，无杂质，熔后透明无沉淀。

【注意事项】储存方法要恰当，防止其氧化酸败。

【储存方法】冷藏、密封。

3. 酸奶

酸奶又称酸牛奶，是以新鲜牛奶为原料，加入一定比例的蔗糖，经高温杀菌、冷却后，再加入纯乳酸菌种发酵而成的乳制品。

【特征特点】酸奶是呈半流体状的发酵乳制品，因其含有乳酸成分而带有柔和的酸味，可帮助人体更好地消化吸收奶中的营养成分。它口感酸甜细滑，营养丰富。

【烹饪应用】酸奶通常直接食用，在西点制作中偶有用到。

【品质鉴定】优质酸奶为浓稠的半流体状，呈乳黄色，有特有的酸香和奶香味，无异味、杂质、沉淀。

【注意事项】酸奶不宜加热饮用，不宜空腹饮用。

【储存方法】密封、冷藏。

思考与练习

1. 如何鉴定火腿的质量？
2. 家畜类原料在烹饪中有哪些应用？
3. 鲜肉（包括猪肉、牛肉、羊肉）的品质鉴定标准有哪些？
4. 举例说明乳在烹饪中有何应用。
5. 试分析猪肚、牛肚、羊肚的区别。

第五章

禽类原料

学习目标

1. 掌握禽类原料的主要种类及其特点。
2. 掌握禽体原料的储存方法。
3. 掌握禽蛋及其制品的品质鉴定标准与储存方法。
4. 掌握禽类原料在烹饪中的应用。

禽类原料也称食用鸟类原料，是在人工饲养条件下的家禽和未被列入《国家重点保护野生动物名录》的野生禽类的肉、蛋、副产品及其制品的总称。

禽类原料可分为家禽类原料和野生禽类原料，又可分为禽体原料和禽蛋原料，还可分为天然禽类原料和加工性禽类原料。天然禽类原料可分为鲜活禽体原料和鲜蛋原料，加工性禽类原料可分为禽体制品和禽蛋制品。

禽类原料的营养成分主要包括蛋白质、脂肪、维生素、糖类、矿物质和水等，受种类、营养状况、饲养方法、宰杀后变化等因素的影响，其营养构成略有差异。

禽类原料在烹饪中主要用作菜肴主料，较少用作辅料，也常用于制作面点的馅心，以及用于制汤及菜肴调味。

第一节 家禽

一、家禽概述

家禽是指人类为满足对肉、蛋等的需要，在长期的人工饲养条件下逐渐驯化而成的，能生存繁衍且有一定经济价值的鸟类，如鸡、鸭、鹅、鹌鹑、家鸽、火鸡等。

家禽可按用途和产地进行分类，常用的分类方法是按用途分类，将家禽分为肉用型、蛋用型和肉蛋兼用型。

1. 肉用型家禽

肉用型家禽指以产肉为主的家禽。肉用型家禽体形较大，肌肉发达，躯体宽而身短，外形丰满，行动迟缓，性成熟晚，性情温顺，如九斤黄、狼山鸡、洛岛红鸡、惠阳鸡、北京填鸭、建昌鸭等。

2. 蛋用型家禽

蛋用型家禽指以产蛋为主的家禽。蛋用型家禽体形较小，活泼好动，性成熟早，如来航鸡、仙居鸡、金定鸭、绍兴鸭等。

3. 肉蛋兼用型家禽

肉蛋兼用型家禽体形介于肉用型家禽与蛋用型家禽之间，同时具有二者的优点，如寿光鸡、娄门鸭、高邮鸭、白洋淀鸭等。

二、常见家禽

1. 鸡

大红色原鸡是家鸡的祖先，鸡在我国至少有 3 000 年的驯养史。

鸡

【种类】根据用途不同可将鸡分为肉用鸡、蛋用鸡、肉蛋兼用鸡和药食兼用鸡四大类，根据饲养方法不同可将鸡分为圈养鸡和散养鸡两大类，根据育龄不同可将鸡分为雏鸡（7 ~ 8 个月）、仔鸡（1 年以内）、成年鸡和老鸡。

【产地】产于全国各地。

【产季】一年四季。秋后宰杀的鸡，肉质最为肥嫩。

【特征特点】肉用鸡以产肉为主，胸肌、腿肌发达，成年鸡较重，出肉率高。蛋用鸡以产蛋为主。肉蛋兼用鸡产蛋、产肉性能均优，但没有蛋用鸡或肉用鸡突出，且所产肉的营养价值不如肉用鸡。药食兼用鸡是医食共用原料，具有很高的食用性，同时具有明显的药用性能，其代表品种有乌鸡（乌骨鸡）、丝毛鸡等。圈养鸡肉质细嫩，但鲜香味不足；散养鸡肉质粗韧，但鲜香味浓。

【烹饪应用】鸡在烹饪中应用广泛，是中餐最常用的烹饪原料之一，各大菜系都有用鸡制作的名肴。鸡几乎适于采用所有的烹调方法烹制，可作为菜肴的主料、辅料、馅料等，也广泛应用于冷热菜、面点和小吃。鸡肉滋味鲜美，行业中有“鸡鲜鸭香”之说，所以鸡又是吊汤的重要原料。雏鸡宜炒、爆、炸，仔公鸡宜炒、烧、熘、炸，仔母鸡宜蒸、拌、烧、卤，成年公鸡宜炒、烧、熘、炸、拌、卤、腌，成年母鸡宜蒸、熘、烧、炖、焖，老公鸡宜烧、焖、煨，老母鸡最宜烧、炖汤等。鸡的分档及烹调用途见表 5–1。

表 5-1 鸡的分档及烹调用途

项目 部位	说明	特征特点	烹调用途
鸡腿	又称凤腿，包括鸡的大腿骨及肉	肉厚，质较老，筋多	整用宜蒸、炸。经刀工处理后，宜蒸、炒、烧、拌
鸡脯	又称鸡胸、凤脯，位于鸡胸三叉骨的两侧	肉质细嫩，呈浅白色	宜熘、炒、爆和制鸡肉浆、鸡肉糁
鸡翅	又称凤翅、鸡翼，俗称大转弯，即鸡翅膀	皮多骨多，筋多肉少，质地柔韧，富有胶质	宜烧、卤、拌、泡等
鸡爪	又称鸡脚、凤爪，为鸡的脚爪部分	有皮无肉，皮薄而脆	带骨者宜卤、煮，去骨者宜凉拌、烧、烩、粉蒸
鸡架	又称鸡架子、鸡架骨，为整鸡分档取料后的骨架	无皮无肉，骨多	一般仅用于吊汤

【品质鉴定】首先根据菜肴的要求选择不同年龄、雌雄及饲养方式的鸡，其次鉴别鸡是否健康。健康的鸡体格健壮，活泼好动，眼睛明亮，叫声洪亮，鸡冠为鲜红色，羽毛紧密而有光泽，尾部高耸，精力旺盛，有觅食能力，病鸡则反之。

【注意事项】杀鸡时放血要干净，应根据不同菜肴的成菜要求对鸡进行宰杀或分档取料。

【储存方法】冷藏、冷冻、干制。

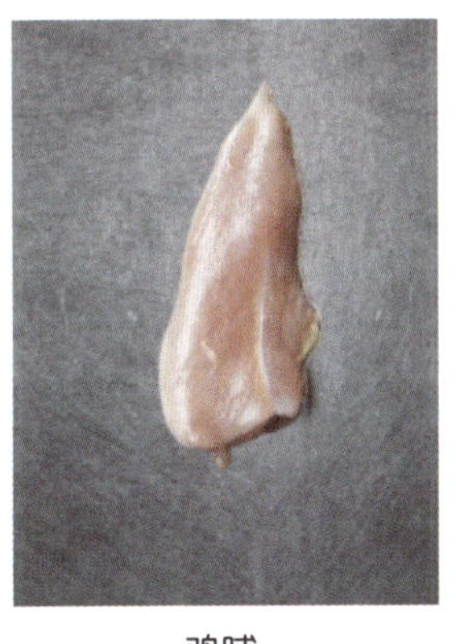
鸡脯

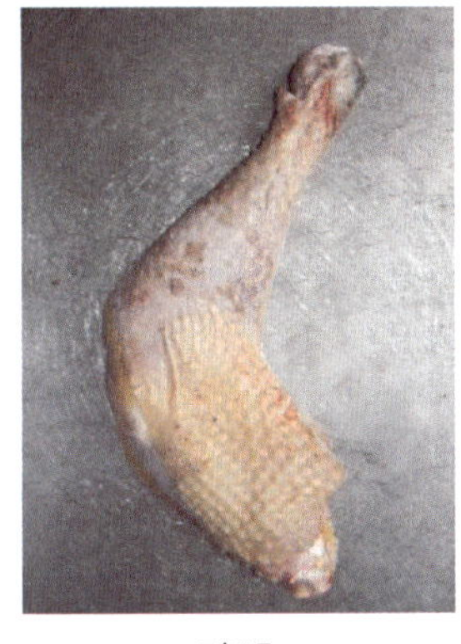
鸡腿

鸡翅

2. 鸭

鸭由野鸭驯化而来。

鸭

【种类】根据用途不同可分为肉用鸭、蛋用鸭和肉蛋兼用鸭三类，根据饲养方法不同可分为圈养鸭和散养鸭两大类，根据育龄不同可分为仔鸭和老鸭。

【产地】产于全国各地。

【产季】一年四季，中秋前后的鸭最为肥壮。

【特征特点】肉用鸭以产肉为主，我国著名的肉用鸭品种是北京填鸭（北京烤鸭的专用鸭）和海南的瘤头鸭。肉用鸭的特点是肉厚，质良好，富含脂肪，味美，鸭肉风味突出。蛋用鸭以产蛋为主，年产蛋量为 240 ~ 280 枚，蛋重 60 ~ 80 克，蛋壳为灰白色或青色。肉蛋兼用鸭产肉、产蛋俱佳，肉质鲜美，蛋形大，但年产蛋枚数低于蛋用鸭，我国肉蛋兼用鸭品种很多。同时，鸭也有一定的药用价值。

【烹饪应用】鸭肉香味突出，在烹饪中应用广泛，是中餐最常用的烹饪原料之一。各大菜系都有用鸭制作的名肴，鸭可采用大部分的烹调方法进行烹制，可作为菜肴的主料、辅料、馅料，也可用于吊汤等。仔鸭宜蒸、炸、烧、烤、炒、爆、卤，老鸭宜烧、炖、蒸、煨、制汤等。

【品质鉴定】首先根据菜肴的要求选择不同年龄、雌雄及饲养方式的鸭子，其次鉴别鸭子是否健康。健康的鸭子体格健壮，活泼好动，眼睛明亮，羽毛紧密而有光泽，尾部高耸，精力旺盛，有觅食能力，病鸭则反之。

【注意事项】杀鸭时放血要干净，应根据不同菜肴的成菜要求对鸭进行宰杀或分档取料。

【储存方法】冷藏、冷冻、干制、腌制、腊制。

3. 鹅

中国鹅的祖先是鸿雁。

【种类】根据用途不同分为肉用鹅、蛋用鹅和肉蛋兼用鹅三类。

【产地】产于我国大部分地区。

【产季】一年四季。

【特征特点】肉用鹅的主要品种是中国鹅，其头上有肉瘤，体宽且长，尾短向上，发育迅速，肉质鲜美。中国鹅的成年公鹅体重 10 ~ 17 千克，成年母鹅体重 9 ~ 13 千克。蛋用鹅以产蛋为主，一般每年产蛋量 120 枚左右，蛋重 160 ~ 280 克，蛋壳为白色。肉蛋兼用鹅的主要品种是太湖鹅，原产于江浙两省，盛产于太湖地区，全身雪白。其成年公鹅体重 34 ~ 45 千克，成年母鹅体重 33 ~ 43 千克，年产蛋量 60 ~ 70 枚，蛋重 160 ~ 220 克。

【烹饪应用】鹅在烹饪中应用广泛，适于炒、烧、烤、炸、卤等。

【品质鉴定】首先根据菜肴的要求选择不同年龄、雌雄及饲养方式的鹅，其次鉴别鹅是否健康。健康的鹅体格健壮，活泼好动，眼睛明亮，羽毛紧密而有光泽，尾部高耸，精力旺盛，有觅食能力，病鹅则反之。

【注意事项】鹅体形较大，一般不整只使用。

【储存方法】冷藏、冷冻、干制、腌制。

4. 火鸡

火鸡起源于野火鸡，也称吐绶鸡。

鹅　　火鸡

【种类】根据颜色不同可分为青铜火鸡和白色火鸡，青铜火鸡原产于美洲，白色火鸡原产于荷兰。

【产地】原产于美洲、荷兰，现国内也有养殖。

【产季】一年四季，秋季火鸡最为肥美。

【特征特点】青铜火鸡个体较大，胸部很宽，头上皮瘤由红色到紫白色，成长迅速，肉肥，其成年公火鸡体重约 16 千克，成年母火鸡体重约 9 千克，年产蛋量 50 ~ 60 枚，蛋重 70 ~ 80 克。白色火鸡全身羽毛呈白色，肉质很好，细嫩多汁，其成年公火鸡体重约 125 千克，成年母火鸡体重约 8 千克。

【烹饪应用】火鸡适于烧、烤、酱、卤、炒等，其使用方法与鸡相似。

【品质鉴定】与鸡相同。

【注意事项】因火鸡体形较大，中餐一般不整用，使用方法与鸡相似，适于用多种方法烹制。

【储存方法】冷藏、冷冻。

第二节 禽体原料

一、禽肉的品质鉴定及储存方法

禽类经宰杀后在自身酶的作用下会相继发生僵直、成熟、自溶和腐败等现象，其中成熟阶段的肉最鲜美，自溶阶段的肉开始变质，腐败阶段的肉不能食用。光禽（即宰杀去毛后的禽类）的品质鉴定标准见表 5-2。

表 5-2 光禽的品质鉴定标准

指标 \ 类别	新鲜	不新鲜	变质（不能食用）
眼球	眼球饱满	眼球凹陷皱缩，晶体浑浊	眼球干缩凹陷，晶体浑浊
黏度	外表微干或湿润，不黏滑	外表稍干燥，有黏手感，新切面湿润	外表极干燥或黏手，新切面发黏
气味	有正常的鲜禽气味	无异味，但腹内有较重的不适气味	体表及腹腔内均有臭味
弹性	肉有弹性，手指压后凹陷处立即恢复	肉弹性不足，手指压后凹陷处不能即刻或完全恢复	肉质松弛，手指压后凹陷处不能恢复并留有痕迹
色泽	皮肤有光泽，肉的切面发光，色泽正常	皮肤稍有光泽，肉的切面有光泽	体表无光泽，头颈部呈暗褐色

续表

类别 指标	新鲜	不新鲜	变质（不能食用）
肉汤	肉汤透明澄清，脂肪团浮于汤的表面，具有特殊的香味	汤稍浑浊，脂肪呈小滴状浮于表面，香味差，无鲜味	肉汤浑浊，有白色或淡黄色絮状物，脂肪极少浮于表面，有严重的腥臭味

禽肉的储存方法与畜肉基本相同，一般分为冷藏和冷冻储存。

二、禽副产品

禽副产品俗称禽杂，是禽的内脏等部位的总称。

【种类】包括禽的胃、肝、心、肾、肠、舌、脑、皮、血、爪、蹼等。

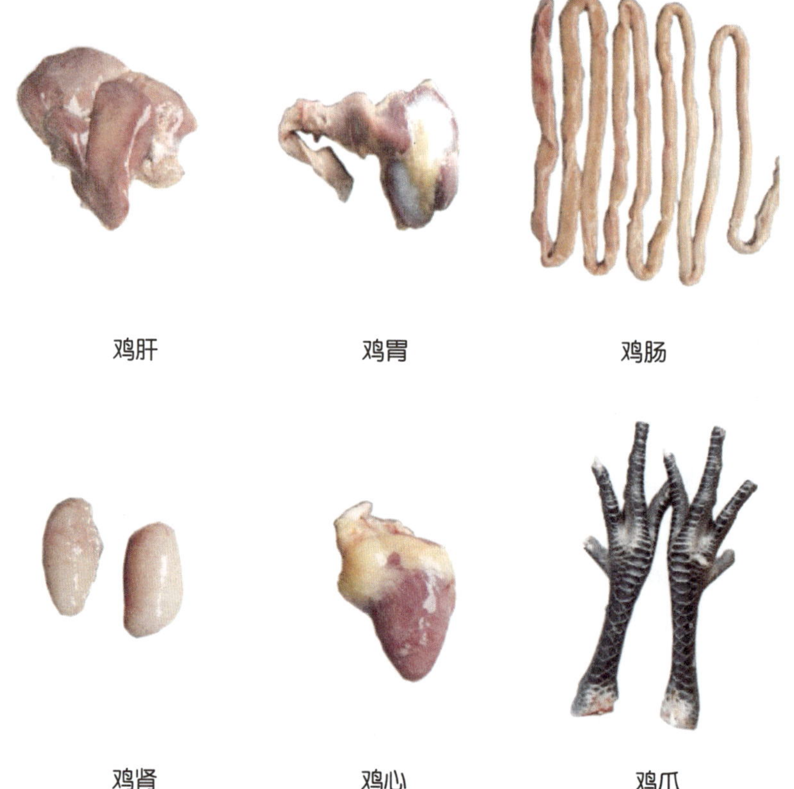

鸡肝　鸡胃　鸡肠

鸡肾　鸡心　鸡爪

【特征特点】禽副产品总的来说含水量较大，质地脆嫩。禽内脏腥味较重，不宜久存。

【烹饪应用】禽副产品是一类重要的烹饪原料，可单独烹制，也可合烹成菜，如“泡椒鸡杂”“烩鸭四宝”等。禽副产品适于用多种方法烹制，如爆、炒、熘、烩、涮、炸、卤、拌、泡等。常用禽副产品特征特点及烹饪应用详见表 5-3。

表 5-3　　常用禽副产品特征特点及烹饪应用

项目 产品	特征特点	烹饪应用
心	禽心结构与畜心相似，分心基部和心尖部，呈锥形，表面附着油脂，质韧	宜爆、炒、熘、炸、卤等
胃	禽胃质韧，分为腺胃和肌胃两部分，用于烹饪的以肌胃为主。肌胃俗称肫或砂囊。禽胃肌肉层非常发达，由环行的平滑肌纤维构成，肌纤维中富含肌红蛋白而呈暗红色，所以肌胃肉质紧实而呈暗红色	适于爆、炒、炸、卤、拌等，烹熟后质脆嫩
肠	禽肠与畜肠一样分小肠和大肠，但一般较短。禽肠可做肠衣或直接烹制。烹饪中应用最为广泛的是鸭肠。鸭肠质韧，色浅红，外附油脂	初加工去异味后，适于爆、炒、涮等
肝	禽肝质地细嫩，呈淡褐色至红褐色，分左右两叶，右叶略大。肥育的禽因肝内含有脂肪而呈黄褐色或土黄色	适于爆、炒、熘、炸、卤等
爪、蹼	蹼是由皮肤形成的固定的皮肤褶，鸭科动物的蹼较发达，质韧。鸭掌、鸡爪是常用的烹饪原料，多出骨后使用	适于蒸、煎、烧、烩、拌、泡等

【注意事项】新鲜原料不宜长时间存放，稍有变质气味会很重。

【储存方法】低温冷藏、冷冻。

三、禽类制品

禽类制品是以新鲜的家禽或野生禽类为原料，经再加工制成的成品或半成品烹饪原料。禽类制品按来源不同可分为鸡制品、鸭制品、鹅制品及其他制品，按加工处理时是否加热可分为生制品和熟制品，按加工制作方法不同可分为腌腊制品、酱卤制品、烟熏制品、烧烤制品、油炸制品、罐头制品等。

1. 板鸭

板鸭属禽腌腊制品。其主要加工过程是宰杀、煺毛、去内脏、水浸、擦盐（干腌）、复卤（湿腌）、凉挂等。

【种类】全国著名的品种有南京板鸭、四川白市驿板鸭、江西南安板鸭、福建建瓯板鸭、湖南乾州板鸭等。

【产地】产于我国大多数地区。

【产季】冬春两季。大雪到立春期间生产的板鸭称为腊板鸭，质量最佳；立春到清明期间生产的板鸭称为春板鸭，质量次之，储存时间也短于腊板鸭。

【特征特点】板鸭中最著名的是南京板鸭，又称白油板鸭、贡鸭、琵琶鸭，其特点是皮白肉红，脂肪丰富，骨髓绿，肉质紧密板实。

【烹饪应用】板鸭的烹制方法直接影响其口感和风味。一般先用清水（或淘米水）浸泡 3 ~ 4 小时，漂洗去盐分，再在沸水状态下入锅，然后改用微火慢煮 50 分钟，煮制时可加入一定量的姜、葱、八角、桂皮、料酒等，并保证汤进入板鸭腹腔内（鸭头朝下放入汤中），起锅冷却后即可改刀，食之香、嫩、酥，回味甘甜。

【品质鉴定】优质板鸭体表光而白，无毛，无黏液，肌肉板实、坚挺，肉色为玫瑰红色，脂肪为乳白色。

【注意事项】应选择正确的烹制方法，以保证其口感与风味。选购板鸭时应选择正规厂家生产的板鸭。

【储存方法】冷藏、真空包装。

2. 风鸡

风鸡是用健康的活鸡经宰杀、取出内脏、腌制、风干加工而成的制品。

【种类】按产地分为河南固始风鸡、湖南泥风鸡、云南风鸡等；按加工方法不同可分为光风鸡、带毛风鸡和泥风鸡三类。

【产地】产于全国各地，主要产于河南、湖南、云南等地。

【产季】冬季，一般在小雪节气以后加工。

【特征特点】风鸡因种类不同，制作方法也有一定差异。制作风鸡时大多不煺毛，以减少微生物侵入机会，且集腌制和干制于一体，风味独特，有利于储存，一般可储存 6 个月。

【烹饪应用】风鸡味鲜香，肉嫩，可制作冷盘，也可采用蒸、炒、炖、煮等方法制作热菜。

【品质鉴定】优质风鸡膘肥肉厚，羽毛整洁，有光泽，肉有弹性，未霉变，无虫伤，无异味。

【注意事项】风鸡的加工应选在腊月，此时气候干燥，气温低，微生物不易侵入，同时还可以产生腊香味。

【储存方法】置于阴凉、通风、洁净处悬挂或冷藏。

3. 烧鸡

烧鸡为酱卤制品，经宰杀、煺毛、去内脏、整形、油炸、煮制等程序加工而成，煮时采用加有香辛料的卤水，焖煮 3 ~ 5 小时。

【产地】产于全国各地，河南滑县道口镇的“道口烧鸡”较为著名。

【产季】一年四季。

【特征特点】色泽鲜艳，香味浓郁。

【烹饪应用】一般直接食用或制作成冷盘食用。

【品质鉴定】采用半年生的嫩雏鸡或两年生的肥母鸡（重量 1 ~ 1.5 千克）制作的烧鸡品质较佳。

【储存方法】普通包装的可储存 2 ~ 5 天，低温真空包装的储存时间要长一些。

第三节　禽蛋原料

一、禽蛋概述

禽蛋包括鸡蛋、鸭蛋、鹅蛋、鸽蛋、鹌鹑蛋等。这些蛋的结构基本相似，化学组成大同小异。

1. 禽蛋的结构

禽蛋由蛋壳、蛋白和蛋黄三部分组成，蛋壳约占蛋总重量的 11%，蛋白约占 58%，蛋黄约占 31%。

（1）蛋壳

蛋壳从外向里依次包括外蛋壳膜、石灰质蛋壳、内蛋壳膜和蛋白膜。

（2）蛋白

蛋白又称蛋清，位于蛋壳与蛋黄之间，是一种无色、透明、黏稠的半流动胶体物质，在蛋白的两端分别有一条粗浓的带状物称为“系带”，起牵拉固定蛋黄的作用。

（3）蛋黄

蛋黄通常位于蛋的中心，呈球形，其外周由一层结构致密的蛋黄膜包裹，以保护蛋黄液不向蛋白中扩散。新鲜蛋的蛋黄膜具有弹性，随着时间的延长，这种弹性逐渐消失，最后形成散黄。因此，蛋黄膜弹性的变化与蛋的质量有密切关系。

2. 禽蛋的化学成分

禽蛋的化学成分主要是水分、蛋白质和脂肪，此外还含有多种矿物质、维生素和少量糖类。

3. 禽蛋在烹饪中的应用

一是可作为主料，单独成菜。

二是可作为配料，起配色、配形的作用。

三是可作为上浆、挂糊的原料，如蛋清浆等。

四是可作为黏合料，制作各式丸菜、糕菜及各类茸、泥、胶。

五是可作为调味料，如用蛋黄可制成沙拉酱。

二、禽蛋及其制品

1. 禽蛋

【种类】包括鸡蛋、鸭蛋、鹅蛋、鸽蛋、鹌鹑蛋等。

【特征特点】禽蛋全蛋利用率高，营养丰富，其中蛋白质生物价较高，极具食用价值。鲜蛋蛋黄呈球形且颜色鲜艳，系带结实呈螺旋状。蛋壳对全蛋有保护作用。

【烹饪应用】禽蛋在烹饪中应用很广泛，可作为菜肴主料、配料及调辅料等使用，适于蒸、炒、煮、煎、炸、烧、卤、酱、糟等，是最常用的烹饪原料之一。

【品质鉴定】可根据蛋重、蛋形、蛋壳状况、蛋白状况、蛋黄状况、气室大小、蛋比重、胚胎状况等进行综合检验。具体方法有哈夫单位[①]法、外观法、照验法、比重法、破视法等。

【注意事项】生禽蛋变质后味恶臭，在操作过程中应避免变质禽蛋对好原料的污染。

【储存方法】冷藏、浸渍、气调储存、涂膜储存。

2. 禽蛋制品

(1) 皮蛋

皮蛋又称松花蛋，因胶冻状的蛋清表面有松枝状花纹而得名。皮蛋多以鸭蛋为原料，经生包或浸泡加工而成。

【种类】分为溏心皮蛋和硬心皮蛋。

【产地】产于全国各地。

【产季】一年四季。

【特征特点】剥去蛋壳，可见蛋清凝固完整、光滑清洁，不粘壳，呈棕褐色，绵软而富有弹性，晶莹透亮，呈现松针状结晶。纵剖后，蛋黄外围呈墨绿色，里面呈淡褐或淡黄色。溏心皮蛋中心质较稀薄。

---

① 哈夫单位是根据蛋重和浓厚蛋白的高度计算出的指标，它是蛋品质量评价的主要指标。

【烹饪应用】皮蛋多用于制作凉菜，也可经熘、炸、烩、炒制成热菜，它还是制作风味小吃和药膳的原料。

【品质鉴定】优质皮蛋味清香，无辛辣味与臭味；蛋壳完整，无破损；两蛋相互轻击时有清脆声响，并能感觉到内部的振动。

【注意事项】由于皮蛋多用于制作凉菜，一般在食用前不用加热，所以应选用质优的皮蛋。

【储存方法】置于阴凉通风处堆放。

（2）咸蛋

咸蛋又称腌蛋、盐蛋，用鸭蛋或鸡蛋腌制而成，多用鸭蛋。咸蛋的加工方法有泥浆法、泥包法和盐水浸渍法三种。

皮蛋

咸蛋

【产地】产于全国各地。

【产季】一年四季。

【特征特点】成品在适宜条件下可储存 2 ~ 4 个月。咸蛋有香味，食时有沙感，富有油脂，咸度适当。咸蛋味道鲜美，易消化。

【烹饪应用】咸蛋煮熟即可食用，咸蛋黄在烹饪中应用较广，可用于调味、制作馅心或菜肴装饰。

【品质鉴定】优质咸蛋蛋壳完整无破损，气室小，煮熟后蛋白纯白、细腻、无杂色，蛋黄红艳、起酥流油，有独特清香味，咸度适中，无异味。

【注意事项】注意腌制时间过长或咸度过高的盐蛋的使用方法，防止变质蛋的混入。咸蛋含盐量较高，高血压、糖尿病患者不宜多吃。

【储存方法】低温冷藏、高温保藏（指加热成熟后储存）。

（3）糟蛋

糟蛋是将鲜蛋裂壳后（不破坏内蛋壳膜）埋在酒糟中，加入一定量食盐制成的蛋制品。

【产地】主要产于我国南方，以浙江平糊糟蛋和四川叙府糟蛋最为著名。

【产季】一年四季。

【特征特点】在制作糟蛋过程中，所产生的醇类物使蛋白和蛋黄凝固变性并具有酒的芳香气味，产生的醋酸可使蛋壳软化，蛋壳中的钙盐渗透到蛋内使糟蛋含钙量增高，所加的食盐使蛋黄中的脂肪聚积，使蛋黄起油、细腻，蛋白略带咸味。

【烹饪应用】糟蛋多作为凉菜，也可作为怪味凉菜的调味料。

【品质鉴定】优质糟蛋质地细嫩，醇香可口，口味绵长，蛋白呈乳白色或黄红色胶冻状，蛋黄呈橘红色半凝固状。

【注意事项】因糟蛋多为冷食，故不宜进行蒸、煮等加热处理。

【储存方法】低温冷藏。

三、禽蛋的品质鉴定及储存方法

1. 禽蛋的品质鉴定方法

蛋重、蛋形、蛋壳状况、蛋白状况、蛋黄状况、气室大小、蛋比重、胚胎状况等均是影响禽蛋品质的因素。烹饪中常用以下几种方法对禽蛋品质进行鉴定：

（1）外观法

新鲜蛋的壳附着有石灰质的微粒，好似有一薄层霜状粉末，没有光泽。陈蛋常有光泽，经过孵化的蛋异常光亮。

（2）照检法

将蛋迎光透视，若全蛋透光，蛋黄暗影不见或略沉，气室小，蛋内部无斑块，蛋清浓厚，则为新鲜蛋。

（3）破视法

将蛋壳打开观察，看蛋白、蛋黄、胚胎的状况。浓厚蛋白多于稀薄蛋白，蛋黄呈球状且颜色较鲜艳，系带结实呈螺旋状者为新鲜蛋。

2. 禽蛋的储存方法

鲜蛋储存的基本原则：一是维持蛋黄和蛋白的理化性质，尽量保持原有的新鲜度；二是控制干耗；三是阻止微生物侵入蛋内及蛋壳，抑制蛋内微生物（由于禽类生殖器官不健康导致蛋在蛋壳形成之前被微生物污染）的生长繁殖。根据这三条原则采用的储存措施包括：调节储存的温度、湿度，阻塞蛋壳上的气孔，保持蛋内二氧化碳的浓度。具体方法有冷藏法、浸渍法、气调储存法、涂膜法等。

思考与练习

1. 如何鉴定活鸡的品质？
2. 如何鉴定光禽的品质？
3. 常用的禽蛋品质鉴定方法有哪些？
4. 举例说明禽蛋在烹饪中的应用。
5. 常见的禽蛋制品有哪些？各有何特点？

第六章

水产品类原料

学习目标

1. 了解水产品类原料的概念，常见水产品类原料的名称、产地、产季。
2. 了解水产品类原料的组织结构、营养成分，常见水产品类原料及其制品的性质、特点。
3. 掌握水产品类原料的分类、常见水产品类原料及其制品的烹饪应用，以及水产品类原料的储存方法。

水产品是指生活或生长在水中，具有一定经济价值，能供人们食用的原料，如鱼类、虾蟹类、贝类等。

我国内陆较大的江河有 5 000 多条，水域辽阔，气候适宜，水产资源丰富，品种繁多。

第一节　水产品类原料概述

水产品类原料种类繁多，其营养作用各有特点，大多富含蛋白质，脂肪含量较低，且含有多种维生素和矿物质，具有较高的营养价值。

一、水产品类原料的营养成分

1. 蛋白质

水产品的蛋白质含量一般为 15% ~ 19.5%，有些超过 20%。例如，对虾的蛋白质含量为 20.6%，鲐鱼的蛋白质含量为 21.4%。水产品的蛋白质消化率高达 87% ~ 89%，其中含有人体必需的多种氨基酸。鱼类中还含有胶原蛋白和黏蛋白，所以在加水炖煮后易胶化，冷却后便形成鱼冻。

2. 脂肪

水产品的脂肪含量一般为 1% ~ 7%，低于畜禽肉类原料。个别水产品脂肪含量较高，如鲥鱼的脂肪含量高达 17% 左右。鱼类的脂肪含量一般为 1% ~ 3%，主要是不饱和脂肪酸，它在常温下多呈液态，熔点低，易被人体消化吸收，其消化率高达 95%。但不饱和脂肪酸容易氧化引起腐败，较难储存。鱼类脂肪主要存在于肝、肠和脑中，尤其是海洋鱼类，肝脏中的脂肪含量较高。少数鱼的鳞片脂肪含量也很高。

3. 矿物质

水产品中含有丰富的矿物质，一般钾、钙、磷、碘、铜较多。虾、蟹、贝类的矿物质含量最丰富。海水鱼所含碘、钙比淡水鱼多，鱼肉所含碘、磷多于畜禽肉类原料。

4. 维生素

水产品中含有多种维生素，鱼类肝脏中含有丰富的维生素 A 和维生素 D，鱼类中维生素 B_2（核黄素）和烟酸的含量也比畜肉高。虾、蟹类原料含有较多的维生素 A 和维生素 B_2。

5. 水

鱼肉中含有大量的水分，一般为 50% ~ 80%，烹调时仅损失 10% ~ 35%，与畜禽肉相比，其失水量小。因此，鱼肉在烹调后能保持质地软嫩，易于人体消化吸收。

6. 氧化三甲胺

氧化三甲胺是一种呈鲜物质，主要存在于海水鱼中，淡水鱼次之。氧化三甲胺极不稳定，容易还原成具有腥味的三甲胺。鱼死后其体内的氧化三甲胺就会不断地还原为三甲胺，从而使鱼产生腥味。随着鱼新鲜度的降低，鱼体内三甲胺的成分不断增加，鱼的腥味也就更突出。如要除去腥味，可根据三甲胺易溶于乙醇并能与醋酸中和的特性，在制作鱼类菜肴时放入适量的黄酒、食醋等调料，这样可使一部分三甲胺随乙醇受热挥发掉，另一部分与醋酸中和生成盐类，从而减轻鱼腥味。

二、水产品类原料的分类

水产品类原料的分类如下图所示。

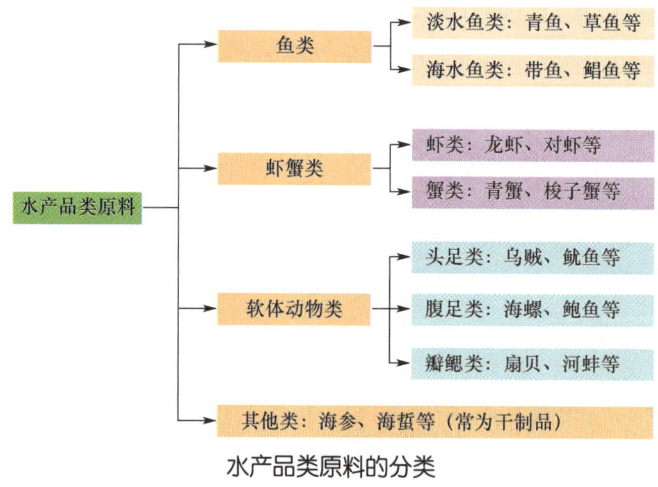

水产品类原料的分类

三、水产品类原料在烹饪中的应用

1. 鱼类在烹饪中的应用

鱼类在烹饪中用途广泛，适宜采用各种烹调方法烹制。大部分鱼均可红烧，新鲜、含脂肪多的鱼多以清蒸、氽汤为主。肉厚刺少的鱼，可取鱼肉切丝、片、丁、粒成菜。肉色白、蛋白质含量高、持水性好的鱼，可取鱼肉制成鱼缔，制作花色造型菜肴。鱼类除鱼肉供食用外，其鳍、肝、鳔、皮、唇、软骨等，也可作为烹饪原料应用，有的还是名贵的烹饪原料。

2. 虾蟹类在烹饪中的应用

虾的种类多，产量大，供应时间长，应用广泛，适宜采用多种烹调方法烹制，成菜品种丰富。虾肉色白、质嫩，可剁成泥后制成造型菜。蟹类在烹饪中多整只蒸、煮，也可剁成小件，以炒、爆、焗等烹调方法成菜，还可用酒等调料制成醉蟹，风味别致。蟹拆肉后可得蟹黄、蟹肉，口味鲜香，所制菜肴档次颇高。

3. 软体动物类在烹饪中的应用

软体动物类原料中氨基酸及水分含量高，味鲜质嫩，但其结缔组织多而质脆，在烹调加热时失水很多，易老，易失去鲜味，因此多以快速加热为主，适宜爆、氽、炝、炒等，调味以清淡为主，以突出其自身特有的鲜味。其中贝类性寒，成菜应配以葱、姜、蒜及胡椒粉等调味料，食用贝类以鲜活的为好。

第二节　鱼类

鱼类主要可分为四种基本体形，分别是纺锤形（鲫鱼、鲤鱼等）、侧扁形（鳊鱼、鲳鱼等）、平扁形（牙鲆、条鳎等）、圆柱形（鳝鱼、鳗鱼等）。但还有一些鱼由于特殊的生活习性而呈现特殊的体形，如带形的带鱼、球形的河豚，以及海马、海龙等。鱼类头部有口、触须、眼、鳃等器官，躯干部和尾部有鳍、侧线等附属器官。

鱼类品种众多，根据其生活习性和栖息环境不同，可将其分为淡水鱼和海水鱼两类。

一、淡水鱼

全世界约有淡水鱼 6 800 多种，我国有 860 余种，具有经济价值的约 250 种以上，体形大、产量高的重要经济淡水鱼类约 50 余种，其中有 20 多种已成为重要的养殖对象，如青鱼、草鱼、鲢鱼、鳙鱼、鲤鱼、鲫鱼、鳊鱼、鳜鱼等。

我国的淡水鱼类型复杂多样，不仅兼有寒带、温带、热带的类型，还兼有平原水系、内陆高山和高原水系的类型。

在我国的 860 余种淡水鱼中，有近 500 种是我国特有的种类，并且有许多是全国各地的名产。例如，黑龙江的鳇鱼、乌苏里江的大麻哈鱼、松花江的白鲑、黄河的鲤鱼、太湖的银鱼、雅安的雅鱼等均为我国的特产或名产。

1. 鲤鱼

鲤鱼又称鲤拐子，为我国主要食用鱼之一。

【产地】我国除青藏高原、新疆和甘肃河西走廊，以及阴山北侧、内蒙古的内陆河湖无天然分布外，广布于其他各地。以黄河鲤鱼为最佳，现多为人工养殖。

【产季】一年四季，以夏秋两季所产为佳。

【特征特点】鱼体长而略侧扁，口端位，须有两对，下咽齿呈臼齿形。背鳍基部较长，背鳍、臀鳍均具有粗壮、带锯齿的硬刺。背部灰黑，体侧金黄，腹部白色，雄性成体尾鳍、臀鳍呈橘红色。鲤鱼肉厚质嫩。

【烹饪应用】鲤鱼宜烧、蒸、炸熘、鲜熘、炸收、腌、熏等，成菜如“糖醋脆皮鱼”“干烧臊子鱼”等。

【品质鉴定】优质鲤鱼鲜活，以江、河、湖所产为佳。

【注意事项】初加工时应去尽鳞甲，勿破苦胆，除去腹腔内黑膜。

【储存方法】活养、低温冷藏。

2. 鲫鱼

鲫鱼又称鲫瓜子。

鲤鱼　　鲫鱼

【产地】我国除青藏高原和新疆北部无天然分布外，其余各地均有分布，是稻田养鱼的主要品种。

【产季】一年四季，以夏秋两季所产为佳。

【特征特点】鱼体侧扁而高，头较小，吻钝，无须，眼大，下咽齿侧扁，尾鳍基部较短，背鳍、臀鳍有粗壮、带锯齿的硬刺，鳞大，体为银灰色，肉质嫩，味鲜美。

【烹饪应用】鲫鱼宜炸收、烟熏、干烧，也用于制汤，成菜如“豆腐鲫鱼汤”“葱酥鲫鱼”等。

【品质鉴定】优质鲫鱼鲜活，大小适中，以江、河、湖所产为佳。

【注意事项】初加工时应去尽鳞甲，勿破苦胆，除去腹腔内黑膜。

【储存方法】活养、低温冷藏。

3. 青鱼

青鱼又称黑鲩、乌鲭、螺蛳青等，为我国四大家鱼之一。

【产地】主要产于长江以南。

【产季】一年四季，以夏秋两季所产为佳。

【特征特点】鱼体细长，略呈圆柱形，头稍平扁，尾部稍侧扁。体背部青黑，腹部灰白，各鳍均为灰黑色，口端位，无须。鳍无硬刺，鳞大而圆。体重一般 3.5 ~ 4 千克。青鱼肉多刺少，肉质细，肉色洁白。

【烹饪应用】青鱼适于炒、熘、烤、烧、煎、炸、蒸等，几乎适用于各种味型的菜肴。青鱼既可整用，也可加工成块、片、丝、丁、条等形状，还可加工成泥，成菜如“菊花青鱼”“红烧青鱼”等。

【品质鉴定】优质青鱼鲜活，体表无伤，以江、河、湖所产为佳。

【注意事项】初加工时应去尽鳞甲，勿破苦胆，除去腹腔内黑膜。

【储存方法】活养、低温冷藏。

4. 草鱼

草鱼又称鲩鱼、草鲩、混子。草鱼生长迅速，肉质佳，产量高，为我国重要的饲养鱼类。

青鱼

草鱼

【产地】产于全国各主要水系。

【产季】一年四季，以夏秋两季所产为佳。

【特征特点】鱼体略呈圆柱形，尾部侧扁，头稍平扁，体呈茶黄色，吻略钝，两行下咽齿呈梳形，腹部呈灰白色。草鱼肉质厚而细嫩。

【烹饪应用】小型整鱼宜烧、炸熘、清蒸，净肉宜熘、炸或制糁，成菜如“酸菜鱼”“清蒸鲩鱼”等。

【品质鉴定】优质草鱼鲜活，以江、河、湖所产为佳。

【注意事项】初加工时应去尽鳞甲，勿破苦胆，除去腹腔内黑膜。

【储存方法】活养、低温冷藏。

5. 鲢鱼

鲢鱼又称白鲢、鲢子，为我国主要的淡水养殖鱼类之一，与青鱼、草鱼、鳙鱼合称为中国四大家鱼。

【产地】产于全国各主要水系。

【产季】一年四季，以夏秋两季所产为佳。

【特征特点】鲢鱼头大，吻钝圆，口宽，眼的位置特别低，鳞细小，背部呈青灰色，腹侧呈银白色，各鳍均呈灰白色。个体一般重 1 ~ 4 千克，最大者可达 25 千克左右。鲢鱼肉质细嫩，但细刺较多。

【烹饪应用】鲢鱼宜烧、蒸，也可作为制糁原料，成菜如“红烧全鱼”“豆瓣鲜鱼”等。

【品质鉴定】优质鲢鱼鲜活，以江、河、湖所产为佳。

【注意事项】初加工时应去尽鳞甲，勿破苦胆，除去腹腔内黑膜。

【储存方法】活养、低温冷藏。

6. 鳙鱼

鳙鱼又称花鲢、黄鲢、胖头鱼，为我国主要淡水养殖鱼类之一。

鲢鱼

鳙鱼

【产地】产于全国各主要水系。

【产季】一年四季，以夏秋两季所产为佳。

【特征特点】鳙鱼头很大，几乎占体长的 1/3，吻宽，口大，眼小且位置低，鳞细小，背侧微黑，腹侧银白，体侧有许多不规则的黑斑。一年生鱼体重 0.5 ~ 1 千克，3 年生鱼体重可达 5 千克。鳙鱼肉质细嫩，细刺多。

【烹饪应用】鳙鱼鱼头常用于烧、蒸、炖，鳙鱼也可作为制糁原料，成菜如“砂锅鱼头”“清炖鱼头”等。

【品质鉴定】优质鳙鱼鲜活，无污染，无伤痕。

【注意事项】加工时应去尽鳞甲，勿破苦胆，除去腹腔内黑膜。

【储存方法】活养、低温冷藏。

7. 鳜鱼

鳜鱼又称鲫花鱼。

【产地】产于我国除青藏高原外的各地江湖中。

【产季】一年四季，以夏秋两季所产为佳。

【特征特点】鱼体较高，侧扁，背部隆起，头尖而长，口大，口裂略倾斜，下颌突出，鳞细小而圆，体色褐黄，腹部灰白，体侧有不规则的褐色斑点和斑块。一般长30厘米，重1～1.5千克。鳜鱼肉质鲜嫩，以春季所产最为肥美，刺少，为上等食用鱼。

【烹饪应用】鳜鱼宜清蒸、红烧，成菜如"清蒸鳜鱼""红烧鳜鱼"等。

【品质鉴定】优质鳜鱼鲜活，无污染，无伤痕。

【注意事项】鳜鱼背鳍棘有毒腺，人体被其刺伤后会发生肿痛，初加工时应注意。

【储存方法】活养、低温冷藏。

8. 鲥鱼

鲥鱼又称时鱼、三黎鱼、三来，为我国名贵食用鱼类。

鳜鱼　　　　鲥鱼

【产地】主要产于长江、珠江和钱塘江等水系。

【产季】一年四季，以夏秋两季所产为佳。

【特征特点】鱼体侧扁，腹缘有锐利的棱鳞，排列成锯齿状，口大，鳞大而薄，体背和头部呈灰黑色，上侧略带蓝绿色光泽，下侧和腹部呈银白色。鲥鱼个体较大，肉细脂厚。

【烹饪应用】鲥鱼宜清蒸、红烧，成菜如"清蒸鲥鱼""红烧鲥鱼"等。

【品质鉴定】优质鲥鱼鲜活，无污染，无伤痕。

【注意事项】因其鳞片富含脂肪，故烹制时不宜去鳞。

【储存方法】活养、低温冷藏。

9. 鳇鱼

鳇鱼又称秦玉鱼、玉牌鱼等，生活于江河中下层。

【产地】主要产于黑龙江水系。

【产季】夏季。

【特征特点】鱼体长且呈梭形，头略呈三角形，吻长而尖，口呈宽弧形，须有两对。鳃孔较大，左右鳃盖膜伸向腹面，彼此愈合。体侧有五纵行骨板，体呈青黑色，两侧呈黄色，腹面呈灰白色。鳇鱼一般重达50～150千克，大者可重达1 000千克，长5米。鳇鱼的肉和卵都是较高档的食品。

【烹饪应用】鳇鱼适于用多种方法烹制，如熘、炒、烧、炖等。卵可加工为鱼子酱。

【品质鉴定】优质鳇鱼鲜活，无污染，无伤痕。

【注意事项】初加工时勿破苦胆，应除去腹腔内黑膜。

【储存方法】活养、低温冷藏。

10. 大麻哈鱼

大麻哈鱼又称秋鲑、大马哈鱼、孤东鱼，广州和香港一带称其为三文鱼。

鳇鱼

大麻哈鱼

【产地】产于黑龙江、图们江等水系。

【产季】每年九至十一月份上市。

【特征特点】鱼体呈纺锤形，稍侧扁，长 60 ～ 70 厘米，重 3 ～ 5 千克。头后逐渐隆起。口大，牙尖锐，吻突出，眼小。体被圆鳞，呈银灰色，常有红色宽斑。腹呈银白色，背鳍、胸鳍和腹鳍较小，尾鳍呈叉形，背部后方有一脂鳍。大麻哈鱼肉呈橘红色，脂肪含量较高，质细嫩，味鲜美。

【烹饪应用】大麻哈鱼可用来制作生鱼片，也可烧、煮、炖、焖等，还可加工成肉馅。大麻哈鱼肉可腌制、熏制，鱼卵常用来制作红鱼子，鱼肝脏可制取鱼肝油。

【品质鉴定】优质大麻哈鱼鲜活，无污染，无伤痕。

【注意事项】初加工时应去尽鳞甲，勿破苦胆，应除去腹腔内黑膜。

【储存方法】活养、冰藏。

11. 银鱼

银鱼又称面条鱼。

【种类】分为大银鱼、间银鱼、太湖新银鱼等。

【产地】大银鱼、间银鱼产于我国渤海、黄海、东海沿岸的入海口，太湖新银鱼产于太湖。

【产季】春季、夏初。

【特征特点】鱼体细长且略透明，头平扁，后部稍侧扁，口大，两颌常有尖牙。背鳍和脂鳍各一个，体表光滑无鳞。

【烹饪应用】银鱼适于炸、熘、蒸、焖等。调味以咸鲜为主，还可调制椒盐、糖醋、酸辣等味型，成菜如“银鱼烧鸡蛋”“软炸银鱼”等。

【品质鉴定】优质银鱼鲜活，无伤痕。

【注意事项】初加工时勿破苦胆，注意保持原料完整性。

【储存方法】活养、冰藏。

12. 鲚

鲚为洄游性鱼类，是长江中下游地区的主要经济鱼类之一。

银鱼

鲚

【种类】主要有刀鲚、凤鲚、七丝鲚等。

【产地】产于长江、钱塘江、珠江等水系。

【产季】春夏之交，刀鲚以清明之前的为最好。

【特征特点】鱼体侧扁，尾部延长，向后渐细尖。口大，端位。胸鳍的上部有游离的鳍条，延长呈丝状。臀鳍低而延长，与尾鳍相连。体被圆鳞，腹部有棱鳞。刀鲚体长 20 ～ 30 厘米，形状像一把刀。凤鲚体长约 20 厘米，七丝鲚体长 10 ～ 20 厘米。

【烹饪应用】鲚多用清蒸、红烧、油炸等方法烹制，成菜如“红烧凤尾鱼”“油炸烤子鱼”等。

【品质鉴定】优质鲚鲜活，无污染，无伤痕。

【注意事项】初加工时应去尽鳞甲，勿破苦胆，应除去腹腔内黑膜。

【储存方法】活养、冰藏。

13. 鳊鱼

鳊鱼又名长春鳊。

【产地】产于全国各水系。

【产季】夏季。

【特征特点】鱼体侧扁，中部较高，略呈菱形。背面青灰而稍带有绿色光泽，体侧呈银灰色，头小，口端位，背鳍有光滑硬刺，臀鳍延长，肉味鲜美。

【烹饪应用】鳊鱼以清蒸为佳，也可红烧、干烧等，成菜如“清蒸鳊鱼”“红烧鳊鱼”等。

【品质鉴定】优质鳊鱼鲜活，无污染，无伤痕。

【注意事项】初加工时应去尽鳞甲，勿破苦胆，应除去腹腔内黑膜。

【储存方法】活养、冰藏。

14. 团头鲂

团头鲂又名武昌鱼。

鳊鱼

团头鲂

【产地】原产于长江中游的梁子湖等湖泊中，现各地均有养殖。

【产季】秋季。

【特征特点】鱼体背呈灰黑色，体侧呈银灰色。体侧鳞片基部呈灰黑色，边缘较淡，组成许多条纵纹。头短小，口端位，呈宽弧形。上下颌前缘角质部凸起。背鳍有粗壮光滑的硬刺，臀鳍延长。尾柄高度明显大于其长度。团头鲂脂多、肉嫩、味美。

【烹饪应用】团头鲂以清蒸为佳，也可红烧、干烧等，成菜如“清蒸武昌鱼”“红烧武昌鱼”等。

【品质鉴定】优质团头鲂鲜活，无污染，无伤痕。

【注意事项】初加工时应去尽鳞甲，勿破苦胆，应除去腹腔内黑膜。

【储存方法】活养、冰藏。

15. 江团

江团又称黄吻、肥沱。

【产地】产于全国各主要水系，以岷江的乐山段、长江的重庆段所产为佳。

【产季】夏季。

【特征特点】鱼体长，腹部圆，尾部侧扁，头较尖，吻特别肥厚，须短且有 4 对。眼小，位于上侧位，被皮膜覆盖。背鳍后缘有锯齿，无鳞。体色粉红，背部略带灰色，腹部为白色，鳍为灰黑色。江团一般长 30 余厘米，重 1 千克，最大可达 10 千克。江团肉鲜嫩、肥美、少刺，为上等食用鱼。

【烹饪应用】江团宜清蒸、粉蒸、红烧。其鳔特别肥厚，干制后为鱼肚，是菜肴中的珍品。

【品质鉴定】优质江团鲜活，无污染，无伤痕。

【注意事项】初加工时应去尽内脏，勿破苦胆。

【储存方法】活养、冰藏。

16. 黑鱼

黑鱼又称乌鳢、乌鱼、生鱼、财鱼，为优良食用鱼。

江团

黑鱼

【产地】除西部高原地区外，几乎遍布各水系。

【产季】夏季。

【特征特点】鱼体长，略呈圆柱形。头长而尖，前部平扁。口大，上下颌有尖齿。眼小，鳃孔宽大，体被圆鳞，背鳍及臀鳍均长。体呈灰黑色，体侧有许多不规则的黑色斑纹。黑鱼一般体长 40 厘米，重 0.5 ~ 1 千克。黑鱼肉质紧实，刺少味美。

【烹饪应用】黑鱼多取净肉烹制，宜熘、炒或做生鱼片，成菜如“将军过桥”“大蒜炖乌鱼”等。

【品质鉴定】优质黑鱼鲜活，无污染，无伤痕。

【注意事项】初加工时应去尽鳞甲，勿破苦胆，应除去腹腔内黑膜。

【储存方法】活养、冰藏。

17. 黄腊丁

黄腊丁又称黄颡鱼，属小型鱼类。

【产地】产于我国各主要水系。

【产季】夏季。

【特征特点】鱼体长，前部平扁，后部侧扁，腹部平直，头大，吻短钝，口小，须 4 对，鳃孔大，体无鳞，体呈青黄色，背部呈黑褐色，体侧有宽而长的黑色断纹，鼻须半白半黑。黄腊丁肉嫩味鲜，少刺，多脂肪。

【烹饪应用】黄腊丁宜烧、焖、煮、烩等，也用于涮火锅和制作水煮菜肴。

【品质鉴定】优质黄腊丁鲜活，无污染，无伤痕。

【注意事项】初加工时应去尽内脏，勿破苦胆。

【储存方法】活养、冰藏、冷冻。

18. 泥鳅

泥鳅又称鳅鱼。

黄腊丁

泥鳅

【产地】除青藏高原外，我国各地均有分布。

【产季】夏季。

【特征特点】鱼体细长，前部呈圆柱形，后部侧扁，尾柄长度大于尾柄宽度，尾鳍为圆形，头尖，吻突出，口小，须 5 对，鳞小且埋于皮下，体呈灰黑色并有许多小黑斑。泥鳅生活于淤泥底的静止处或溪流水体内。水体干枯时，又可钻入泥中潜伏。泥鳅最大者可达 30 厘米，肉质细嫩。

【烹饪应用】泥鳅宜炸收、水煮、炸、熘、烩等，也可用于涮火锅。

【品质鉴定】优质泥鳅鲜活，无污染，无伤痕。

【注意事项】初加工时应去尽内脏，勿破苦胆。

【储存方法】活养、冰藏、冷冻。

19. 黄鳝

黄鳝又称鳝鱼。

【产地】除青藏高原外，我国各地均产，以长江流域所产居多。

【产季】夏季。

【特征特点】鱼体圆而细长，呈蛇形。尾尖细，头圆，吻尖，上下颌有细齿。眼小，为皮膜所覆盖。体光滑无鳞，呈黄褐色，具有不规则的黑色斑点。黄鳝肉味鲜美，营养丰富。

【烹饪应用】黄鳝宜炸收、凉拌、烧、干煸、粉蒸等，也可用于涮火锅。

【品质鉴定】优质黄鳝鲜活，无污染，无伤痕。

【注意事项】黄鳝的血液中含有毒素，要避免误食。

【储存方法】活养、冰藏、冷冻。

20. 鳗鱼

鳗鱼学名鳗鲡，又称河鳗、白鳝、青鳝。鳗鱼生长速度快，肉质细嫩，易进行人工养殖。

【产地】产于长江、闽江、珠江等水系。

黄鳝

鳗鱼

【产季】春夏两季。

【特征特点】鱼体细长，前部近圆柱形，后部侧扁，体长 40 ~ 50 厘米，背鳍、臀鳍、尾鳍相连，头尖，吻部平扁，鳞细小且埋于皮下，背部呈灰褐色，腹部呈白色。鳗鱼为洄游性鱼类，平时生活在淡水中，秋后成体鱼洄游入海产卵，亲鱼产卵后死去，卵在海中成长为幼鱼后再进入江河生长。鳗鱼肉色洁白，质嫩，皮肥肉细，入口肥糯，滋味鲜美。

【烹饪应用】鳗鱼宜采用清蒸、清炖、红烧、黄焖、红扒、煨煮等旺火长时间加热的方法烹制，可制馅或制成鱼丸、鱼糕、鱼肉香肠等。鳗鱼经腌渍后风干的制品称为鳗鲞，风味独特。

【品质鉴定】优质鳗鱼鲜活，无污染，无伤痕。

【注意事项】注意初加工方法的运用。

【储存方法】活养、冰藏、冷冻。

二、海水鱼

我国沿海地处温带、亚热带和热带，海水鱼种类繁多，其中许多是具有经济价值的食用鱼类。据统计，我国有海水鱼 3 000 多种，以鲈形目鱼类为主。东海的鱼类约有 700 余种，大多数为亚热带、热带的鱼类，主要经济鱼类有鲫鱼、海鳗、鲻鱼、鲈鱼、大黄鱼、小黄鱼、鮸鱼、带鱼、鲳鱼等；黄海、渤海的鱼类约有 300 余种，大多数属于温带鱼类，也有少数寒带鱼类，主要经济鱼类有太平洋鲱鱼、鳕鱼、黄姑鱼、小黄鱼、真鲷、带鱼、鲐鱼等。南海的鱼类近 2 000 种，绝大多数为热带、亚热带鱼类，其种类繁多，经济鱼类也很多，但缺乏特别高产的种类，所以目前的渔业总产量较低，主要经济鱼类有金色小沙丁鱼、鲻鱼、青石斑鱼、黄鲷等。

1. 大黄鱼

大黄鱼又称大黄花、大鲜、桂花黄鱼，是我国四大海产（大黄鱼、小黄鱼、带鱼、乌贼）之一。

【产地】产于我国南海、东海和黄海南部，浙江舟山群岛所产最多。

【产季】因产地不同，春、夏、秋季均产。

【特征特点】鱼体延长，侧扁，头大而尖突，体被栉鳞，鳞较小，背侧呈黄褐色，腹侧呈金黄色。个体一般长 40 ~ 50 厘米。大黄鱼肉松软，呈蒜瓣状，细嫩鲜美。

【烹饪应用】大黄鱼宜烧、焖、蒸、炸、醋熘等，也可用于制羹和制糁。

【品质鉴定】优质大黄鱼体态完整，肌肉有弹性，无伤痕，无污染。

【注意事项】初加工时应去尽鳞甲、内脏，勿破苦胆，注意保持原料完整性。

【储存方法】活养、冰藏。

2. 小黄鱼

小黄鱼又称黄花鱼、小鲜、小黄花。

大黄鱼

小黄鱼

【产地】产于我国东海、黄海和渤海。

【产季】因产地不同，春、夏、秋季均产。

【特征特点】鱼体延长，侧扁，呈柳叶形。头大而尖，牙尖而细。体被栉鳞，鳞较大。背侧呈黄褐色，腹部呈金黄色。个体一般长 20 多厘米。小黄鱼肉质细嫩，肉呈蒜瓣状，味道鲜美。

【烹饪应用】小黄鱼宜烧、焖、蒸、炸、醋熘等，也可用于制羹和制糁。

【品质鉴定】优质小黄鱼体态完整，肌肉有弹性，无伤痕，无污染。

【注意事项】初加工时应去尽鳞甲、内脏，勿破苦胆，注意保持原料完整性。

【储存方法】活养、冰藏。

3. 带鱼

带鱼又称刀鱼、牙带、白带。

【产地】我国南北沿海均产，东海产量最大。

【产季】因产地不同，春、夏、秋季均产。

【特征特点】带鱼为中下层集群性洄游鱼类，性凶猛，鱼体显著侧扁、延长呈带状，尾细似鞭，头窄长，眼较大且位置高，牙发达而尖锐，体呈银白色。带鱼肉质肥美，蛋白质、脂肪含量高。

【烹饪应用】带鱼多以冻品烹制，宜蒸、炸、烧，也可用于涮火锅。

【品质鉴定】优质带鱼体态完整，体表银粉完整，肌肉有弹性，无伤痕，无污染。

【注意事项】初加工时应去尽内脏、杂质。

【储存方法】冰藏。

4. 加吉鱼

加吉鱼学名真鲷，又称加级鱼、铜盒鱼。

带鱼

加吉鱼

【产地】我国近海均产，现多为人工养殖。

【产季】春秋两季。

【特征特点】鱼体呈长椭圆形，侧扁。头大，口小，眼凸起，体被弱栉鳞。活时全体呈淡红色，背侧散布若干鲜艳的蓝色小点，尾鳍边缘为黑色。个体一般长约 33 厘米，重约 1 千克。加吉鱼肉质紧实而细嫩，味鲜美，富含蛋白质、脂肪。

【烹饪应用】加吉鱼宜烧、炖、清蒸。

【品质鉴定】优质加吉鱼体态完整，肌肉有弹性，无伤痕，无污染。

【注意事项】初加工时应去尽鳞甲、内脏，勿破苦胆，注意保持原料完整性。

【储存方法】活养、冰藏。

5. 鲅鱼

鲅鱼又称蓝点鲅鱼、燕鱼。

【产地】产于渤海、黄海和东海。

【产季】春夏两季。

【特征特点】鱼体呈柳叶形，体被细小圆鳞，侧线位高且微弯曲，背鳍和臀鳍各有八九个小鳍，尾鳍分叉且深，背部呈蓝黑色，腹部呈银灰色，腹侧有许多黑色圆斑。鲅鱼肉厚紧实，呈蒜瓣状，肉色发红，刺少味美。

【烹饪应用】鲅鱼适于烧、焖、炖、煎、炸等。

【品质鉴定】优质鲅鱼体态完整，肌肉有弹性，无伤痕，无污染。

【注意事项】初加工时应去尽鳞甲、内脏，勿破苦胆，注意保持原料完整性。

【储存方法】冰藏。

6. 鲐鱼

鲐鱼又称鲐巴鱼、油桶鱼、青花鱼。

鲅鱼

鲐鱼

【产地】我国近海均产。

【产季】春夏两季。

【特征特点】鱼体呈纺锤形且稍侧扁，尾柄两侧各有一个隆起部，体长 30 ~ 40 厘米。头前端尖细，呈圆锥形。眼大而位高，有发达的眼睑。背鳍有 2 个，第二背鳍与臀鳍间有 5 个小鳍，尾鳍深分叉。体背部呈青黑色，有深蓝色不规则花纹，腹部微带黄色。鲐鱼肉质紧实但较粗，呈蒜瓣状，味肥美，但腥味较重。

【烹饪应用】鲐鱼适于红烧、干烧、焖、炖、煎、烤等，宜选用鲜鱼烹制。

【品质鉴定】优质鲐鱼体态完整，肌肉有弹性，无伤痕，无污染。

【注意事项】因其皮下脂肪丰富且有腥味，故调味宜稍重些。

【储存方法】冰藏。

7. 鳕鱼

鳕鱼又称大口鱼、大头鳕。

【产地】主要产于渤海、黄海和东海北部。

【产季】春夏两季。

【特征特点】鱼体延长，稍侧扁。头大，尾部向后渐细，体长一般 20 ~ 70 厘米。口大，下颌较短。背鳍有 3 个，臀鳍有 2 个。鳞很小，侧线不明显。鱼体呈灰褐色，有不规则褐色斑点和花纹。鳕鱼肉质细嫩，肉色洁白。

【烹饪应用】鳕鱼适于烧、焖、煨、煎、烤、炸、蒸等。鳕鱼肝可制作鱼肝油。

【品质鉴定】优质鳕鱼体态完整，肌肉有弹性，无伤痕，无污染。

【注意事项】初加工时应去尽鳞甲、内脏，勿破苦胆。

【储存方法】冰藏。

8. 石斑鱼

石斑鱼又称石樊鱼、高鱼、过鱼。石斑鱼的品种很多，多分布于印度洋和太平洋西部。

鳕鱼

石斑鱼

【种类】我国南方的石斑鱼种类较多，常见的种类有赤点石斑鱼（又称花斑）、纵带石斑鱼（又称带石斑）、青石斑鱼（又称青斑）和宝石石斑鱼等。

【产地】主要产于南海和东海南部。

【产季】常年均有生产，以春季为盛。

【特征特点】鱼体长，呈椭圆形，稍侧扁。口大，牙细而尖。体被小栉鳞，有时埋于皮下。体色多变异，常呈褐色或红色，并有条纹与斑点。石斑鱼肉质细嫩而鲜美，为高档食用鱼。

【烹饪应用】石斑鱼宜清蒸、烧、熘等，也可用于制糁。

【品质鉴定】优质石斑鱼体态完整，肌肉有弹性，无伤痕，无污染。

【注意事项】初加工时应去尽鳞甲、内脏，勿破苦胆，注意保持原料完整性。

【储存方法】冰藏。

9. 鲈鱼

鲈鱼又称鲈板、花鲈，为近岸浅海中上层鱼类，喜栖息于入海口附近，也有一些品种生活于淡水中。

【产地】产于我国沿海。

【产季】以秋季所产最为肥美。

【特征特点】鱼体延长，侧扁，口大，体被小栉鳞，背侧呈青灰色，腹部呈灰白色，体侧及背鳍棘部散布黑色斑点。鲈鱼肉质紧实，肌纤维较粗，但口感细嫩鲜美。

【烹饪应用】鲈鱼宜烧、焖、清蒸、熘、熏、炸。

【品质鉴定】优质鲈鱼体态完整，肌肉有弹性，无伤痕，无污染。

【注意事项】初加工时应去尽鳞甲、内脏，勿破苦胆，注意保持原料完整性。

【储存方法】冰藏。

10. 鲆

鲆是比目鱼的一类。比目鱼为鲽形目所有鱼类的总称，因其眼睛长在同一侧故名比目鱼，包括鲆、鲽、鳒、鳎、舌鳎科鱼类。

鲈鱼　　鲆

【产地】产于我国沿海，约有 50 余种，黄海和渤海产量较多。

【产季】春夏两季。

【特征特点】鱼体呈长圆形，甚侧扁，两眼均位于头部左侧。口大，斜裂。有眼侧呈深褐色，有暗色斑点，被栉鳞；无眼侧呈白色，被圆鳞。个体一般长 25 ~ 50 厘米。鲆肉质细嫩，味道鲜美。

【烹饪应用】鲆宜熘、炸、烧、清蒸等。

【品质鉴定】优质鲆体态完整，肌肉有弹性，无伤痕，无污染。

【注意事项】初加工时应去尽鳞甲、内脏，注意保持原料完整性。

【储存方法】冰藏。

11. 鲽

鲽也是比目鱼的一类。

【产地】产于我国沿海。

【产季】春夏两季。

【特征特点】鱼体甚侧扁，两眼均位于头部右侧。鳍无棘，背鳍始于眼上方。背鳍和臀鳍基底均延长，但不与尾鳍相连。有眼的一侧为暗褐色或有斑纹，无眼的一侧为白色。鲽的肉质、味道均不及鲆。

【烹饪应用】鲽宜出肉后加工成条、丁、块、片或制泥，可采用炒、爆、熘、炸、氽等烹调方法成菜。

【品质鉴定】优质鲽体态完整，肌肉有弹性，无伤痕，无污染。

【注意事项】初加工时应去尽鳞甲、内脏，注意保持原料完整性。

【储存方法】冰藏。

12. 鳎

鳎是比目鱼的一类，主要分布于热带和亚热带近海底层。

鲽

鳎

【产地】产于我国沿海。

【产季】春夏两季。

【特征特点】鱼体甚侧扁，两眼均位于头部左侧。前鳃盖骨被有皮肤和鳞片，边缘不游离。背鳍和臀鳍均延长，常和尾鳍相连。有眼的一侧呈淡褐色，无眼的一侧呈白色。鳎肉质细嫩而紧实，味鲜而肥美，是高档食用鱼类。

【烹饪应用】鳎适于蒸、烧、炖等。

【品质鉴定】优质鳎体态完整，肌肉有弹性，无伤痕，无污染。

【注意事项】初加工时应去尽鳞甲、内脏，注意保持原料完整性。

【储存方法】冰藏。

13. 鳐鱼

鳐鱼为暖水性近海底层鱼类。

【产地】主要产于黄海、东海、南海。

【产季】夏季。

【特征特点】我国鳐鱼约有 30 多个品种，其共同特征为：鱼体多呈扁平形、圆形、斜方形或菱形；尾延长，或呈鞭状；口腹位，鳃孔 5 个；背鳍大多 2 个，胸鳍常扩大，背鳍消失，尾鳍小或没有。

【烹饪应用】鳐鱼适于烧、炖、炸、焖等。

【品质鉴定】优质鳐鱼体态完整，肌肉有弹性，无伤痕，无污染。

鳐鱼

【注意事项】鳐鱼烹调前要进行脱氨处理。因腥味较大，烹调时应多放些姜、醋、酒等。尖齿锯鳐和许氏犁头鳐的鱼皮可制作鱼皮（干货），唇部可干制成鱼唇，头侧透明软骨可加工成明骨，鳍可加工成鱼翅。

【储存方法】冰藏。

14. 马面鲀

马面鲀是一种暖水性中下层鱼类，是美味的食用鱼，刺少。

【产地】主要产于黄海、渤海、东海。

【产季】因产地不同，春、夏、秋季均产。

【特征特点】鱼体侧扁，呈长椭圆形，长约 12 ～ 25 厘米。口小，端位。背鳍 2 个，第一背鳍鳍棘粗大，位于眼中央后上端，后缘有倒刺。腹鳍退化成一短棘。鳞细小，呈绒毛状，无侧线。鱼体呈蓝灰色，鳍为绿色，尾鳍中间鳍膜为白色。马面鲀的皮为革质，烹调前须先剥去。它肉质紧实，纤维细嫩，味道鲜美。

【烹饪应用】马面鲀宜清蒸、红烧、红焖、熏制等，也可制鱼丸。

【品质鉴定】优质马面或体态完整，肌肉有弹性，无伤痕，无污染。

【注意事项】初加工时应去尽鳞甲、内脏，注意保持原料完整性。

【储存方法】冰藏、冷冻。

15. 海鳗

海鳗又称门鳝、狼牙鳝、勾鱼。

马面鲀

海鳗

【产地】产于我国沿海。

【产季】夏季。

【特征特点】鱼体近圆柱形，后部侧扁，头尖长，口大，牙强而锐利，背鳍和尾鳍相连，无腹鳍，体无鳞，背部呈银灰色或暗褐色，腹侧近乳白色。个体一般长约 40 厘米，长者可达 1 米以上。海鳗肉质细嫩肥美，味鲜。

【烹饪应用】海鳗宜熘、炒、烧、焖、蒸等。

【品质鉴定】优质海鳗体态完整，肌肉有弹性，无伤痕，无污染。

【注意事项】初加工时应去尽内脏，注意保持原料完整性。

【储存方法】活养、冰藏、冷冻。

16. 黄姑鱼

黄姑鱼又称黄婆鱼、铜罗鱼。

【产地】产于我国沿海。

【产季】夏季。

【特征特点】鱼体延长，侧扁，体长约 20 ~ 35 厘米。头钝尖，吻短钝，眼中等大，颏部有 5 个小孔。体被栉鳞，侧线发达。体背侧呈灰橙色，有许多暗色细波状条纹，腹部呈银白色。

【烹饪应用】黄姑鱼适于清炖、红烧、油炸等。

【品质鉴定】优质黄姑鱼体态完整，肌肉有弹性，无伤痕，无污染。

【注意事项】黄姑鱼肉质紧实，肉呈蒜瓣状，除五、六月产卵期外，稍有酸味。

【储存方法】活养、冰藏、冷冻。

17. 梭子鱼

梭子鱼又称斋鱼、红眼、肉棍子。

黄姑鱼

梭子鱼

【产地】产于我国沿海。

【产季】春秋两季。

【特征特点】鱼体细长，前端平扁，向后渐侧扁。体长一般 20 ~ 50 厘米。口下位，呈人字形。下颌中间有一突起，上颌中央有一凹陷。眼较小，呈红色。背鳍有 2 个，臀鳍鳍条有 9 根，尾鳍为叉形。体被弱栉鳞，无侧线。背部呈深灰色，腹部呈白色。体侧上方有数条暗色条纹。

【烹饪应用】梭子鱼适于烧、熘、炖、蒸等，最宜清蒸、红烧、做汤。

【品质鉴定】优质梭子鱼体态完整，肌肉有弹性，无伤痕，无污染。

【注意事项】初加工时应去尽鳞甲、内脏，注意保持原料完整性。

【储存方法】活养、冰藏、冷冻。

18. 鮸鱼

鮸鱼又称敏鱼、米鱼，为我国海产经济鱼类。

【产地】产于我国沿海，主要产于东海。

【产季】六月至九月。

【特征特点】鱼体延长，侧扁。体长 45 ~ 55 厘米。头尖突，吻短钝。口大，有颏孔 4 个。背鳍连续，臀鳍有 2 根鳍棘。体被栉鳞，侧线完全。背侧呈暗褐色带紫，腹部呈银灰色。鮸鱼肉质厚实，腹内脂肪较多，肉味鲜美，为上等食用鱼类。

【烹饪应用】鮸鱼多加工成块、片等，宜炒、熘、烧等。鮸鱼鱼鳔壁厚而胶质多，可制作鱼肚。

【品质鉴定】优质鮸鱼体态完整，肌肉有弹性，无伤痕，无污染。

【注意事项】初加工时应去尽鳞甲、内脏，注意保持原料完整性。

【储存方法】活养、冰藏、冷冻。

19. 鲳鱼

鲳鱼又称银鲳、镜鲳、鲳鳊。

鮸鱼

鲳鱼

【产地】产于我国沿海，主要产于南海、东海。

【产季】东海范围内全年皆有出产。

【特征特点】鱼体短而高，呈卵圆形，侧扁。头小，吻短，口小而微斜。体被圆鳞，细小易脱落。背部呈青灰色，腹部呈乳白色，全体呈银色而有光泽，并密布黑色细斑。个体一般长约 20 厘米。鲳鱼肉厚实而细嫩，白如凝脂，营养丰富，蛋白质含量高。

【烹饪应用】鲳鱼宜烧、蒸、熏、炸、炖等。

【品质鉴定】优质鲳鱼体态完整，肌肉有弹性，无伤痕，无污染。

【注意事项】初加工时应去尽鳞甲、内脏，注意保持原料完整性。

【储存方法】冰藏、冷冻。

20. 鳓鱼

鳓鱼又称曹白鱼、白鳞鱼。

【产地】产于我国沿海。

【产季】每年五月、六月，或十月至次年三月。

【特征特点】鱼体侧扁，口斜向上、下颌突出，眼脂睑发达，体被薄圆鳞，无侧线，腹部有锯齿状棱鳞，体侧呈银白色，背面呈黄绿色，背鳍和臀鳍短，尾鳍深分叉。

个体一般长约 40 厘米，重 0.5 千克。鳓鱼肉质鲜嫩肥美，但细刺较多。

【烹饪应用】鳓鱼宜烧、清蒸、炸、焖等。

【品质鉴定】优质鳓鱼体态完整，肌肉有弹性，无伤痕，无污染。

【注意事项】鳓鱼鳞片较薄且脂肪较多，新鲜鳓鱼烹调时可不去鳞。

【储存方法】冰藏、冷冻。

鳓鱼

三、鱼类的品质鉴定及储存方法

1. 鱼类的品质鉴定

市场上出售的鱼有活鱼、鲜鱼和冻鱼三类，在选购时应注意这三类鱼的特点。

（1）活鱼

由于海水鱼被捕捞后脱离海水环境很快死亡，所以市场上的活鱼主要是淡水鱼。质量好的活鱼活泼好动，反应灵敏，游动自如，体表有一层清洁透亮的黏液，各部位无伤残。质量差的活鱼行动迟缓，容易翻背，体表常有伤残。

（2）鲜鱼

鲜鱼是指死后不久的鱼。根据新鲜程度不同可分为新鲜鱼、较新鲜鱼和不新鲜鱼三类。

（3）冻鱼

冻鱼是利用冷冻方法保鲜的海水鱼和淡水鱼，其质量与冻前质量有密切关系，其新鲜程度因冷冻不易鉴别。一般可按表 6-1 中的标准鉴别其质量。

表 6-1　　冻鱼质量鉴别标准

部位	优质冻鱼特征	劣质冻鱼特征
外表	鱼鳞完整，色泽光亮，肌体无残缺	鱼鳞不完整，皮色暗淡无光，体表不整洁，肌体有残缺
眼	眼球凸起，角膜清亮	眼球下陷，没有光泽，黑白不分明，常有污物
肛门	肛门完整不裂，外形紧缩不突出	肛门松弛、突出，甚至腐烂、破裂

2. 鱼类的储存方法

（1）活养

活的淡水鱼适于用清水活养；部分海水鱼可采用海水活养，但因受地域限制较少活养。活养可使鱼类保持鲜活状态，又能减少其体内污物，减轻异味。

（2）冷藏

冷藏时，要将新鲜鱼冷却到 0 ℃左右，然后在 0 ～ 2 ℃的低温下储存。此法储存期短，但对鱼的质量影响较小，一般仅用于短时间的暂时保鲜。

（3）冰藏

冰藏即用天然冰或机制冰保鲜鱼，一般在鱼舱或桶、箱中，一层碎冰一层鱼地排放。此法广泛运用于捕捞生产的渔船和运输新鲜鱼的交通工具上。

（4）冷冻

冷冻即将鱼类在结冰的低温下储存，分为缓慢冻结和快速冻结两种方式。一般认为，快速冻结对原料的质地影响小，而缓慢冻结效果较差。

第三节　虾蟹类

虾、蟹为甲壳动物，其组织构造与其他动物的最大区别在于，它们以坚硬如甲的石灰质外壳来保护身体内部的柔软组织。其外壳就是虾、蟹的骨骼，称外骨骼。在外骨骼上有许多色素细胞，细胞中的色素属类胡萝卜素中的虾青素，加热或遇乙醇时蛋白质变性，虾青素析出并被氧化为红色的虾红素。外骨骼的里面是柔软纤细的肌肉和内脏。虾的内脏少，肌肉多；蟹则相反，腹腔内容物多，肌肉少。虾、蟹的肌肉为横纹肌，肌肉洁白，肉质细嫩，持水力强。虾的腹部肌肉发达，包括腹部屈肌、斜伸肌、斜屈肌，其鲜品称为虾仁，其干制品称为虾米。蟹的螯肢和其他附肢的肌肉发达。

一、虾类

虾体大而侧扁，外骨骼薄而透明，前端额剑侧扁且有齿，腿细长，腹部发达。腹部的尾节与其附肢合称尾扇，其形状是鉴别虾类的特征之一。

虾的种类很多，我国有 400 多种，以海产虾的种类和资源量居多。常作烹饪原料使用的品种有对虾、龙虾、沼虾、白虾、毛虾、基围虾等。

1. 龙虾

龙虾为虾类中体形最大的一种。

【种类】包括中国龙虾、锦绣龙虾、日本龙虾、杂色龙虾等。

【产地】主要产于广东、浙江、福建和台湾等沿海地区。

【产季】夏秋两季。

【特征特点】中国龙虾粗壮，呈圆柱形，略平扁；体长一般在 30 厘米以上，重 1 ~ 2 千克，最重者可达 3 千克；头胸甲坚硬多棘，两对触角很发达，步足呈爪状，腹部较短，尾扇较大，体呈红色，上有暗色纹。锦绣龙虾头胸甲有五彩花纹，外观非常美丽，最大者体重可达 5 千克。龙虾肉多而细嫩，有滋补之效，历来被视为肴中之珍。

【烹饪应用】龙虾多用于高级宴席，整虾以清蒸为主，也可取净肉烹制，宜熘、炒。

【品质鉴定】优质龙虾虾身自然弯曲，有弹性，四肢完整，虾壳光亮、坚硬，虾肉紧实。

【注意事项】注意采用正确的初加工方法，保持原料完整。

【储存方法】活养、冰藏、冷冻。

2. 对虾

对虾又称大虾、明虾。

龙虾　　对虾

【种类】我国所产对虾有近 50 种，称谓也多。

【产地】主要产于渤海和黄海，东海也有分布，可人工养殖。

【产季】夏季。

【特征特点】虾体长，大而侧扁，甲壳薄而透明、光滑。雌体长约 20 厘米，呈青蓝色，又称青虾。雄体长约 15 厘米，呈灰黄色，又称黄虾。对虾肉质细嫩鲜美，富含蛋白质和多种矿物质，维生素 A 含量尤为丰富。

【烹饪应用】整虾宜烧、焖，也可取肉入烹，宜熘、炒。

【品质鉴定】优质对虾虾身自然弯曲，有弹性，四肢完整，虾壳光亮、坚硬，虾肉紧实。

【注意事项】注意采用正确的初加工方法，保持原料完整。

【储存方法】活养、冰藏。

3. 沼虾

沼虾又称河虾。

【产地】产于我国各地的淡水湖中，可人工养殖。

【产季】夏季。

【特征特点】体形粗短，侧扁，长约 4 ~ 8 厘米，有青色及棕色斑纹。头胸部较大，额角短于头胸甲。步足 5 对，前两对呈钳状，其中第二对特别长，超过身体长度（雄虾的超过体长 2 倍）。沼虾肉味鲜美，营养丰富。

【烹饪应用】整虾宜炸、油焖，也可取虾仁，宜熘、炒、烧、烩或用于制作虾糁。

【品质鉴定】优质沼虾虾身自然弯曲，有弹性，四肢完整，虾壳光亮、坚硬，虾肉紧实。

【注意事项】注意采用正确的初加工方法，保持原料完整。

【储存方法】活养、冰藏。

4. 白虾

白虾又称脊尾白虾、绒虾，为我国特产，生活于浅海近岸的泥沙底下，因死后呈白色，故称白虾，为中型虾类。

沼虾

白虾

【产地】产于我国沿海，主要产于黄海、渤海。

【产季】立春前后。

【特征特点】体长一般 5 ~ 9 厘米，甲壳薄。触角侧扁、细长，基部 1/3 有鸡冠状隆起。尾节末端尖细，呈刺状。腹部第三节至第六节背面有纵脊。体透明，微带蓝色或红色小点。白虾肉质细嫩，富含蛋白质和矿物质。

【烹饪应用】多整只烹制，宜蒸、煮、炸、焖。除去头、壳即为虾仁，宜熘、炸。以虾仁制成的虾糁可做“清汤虾圆”“炸虾球”“白汁虾糕”“四喜虾饼”等菜肴。此外，白虾还可干制成虾米，虾卵干制后称虾子，二者均是营养丰富、滋味鲜美的烹饪原料。

【品质鉴定】优质白虾虾身自然弯曲，有弹性，四肢完整，虾壳光亮、坚硬，虾肉紧实。

【注意事项】注意采用正确的初加工方法，保持原料完整。

【储存方法】活养、冰藏。

5. 毛虾

毛虾又称中国毛虾、小毛虾。

【产地】产于我国沿海，主要产于渤海沿岸。

【产季】夏季。

【特征特点】毛虾是一种小型虾，体长一般 2 ~ 4 厘米，身体侧扁，皮壳极薄。全身除有少数红色小点外，全是透明的。

【烹饪应用】毛虾可鲜食，也可制作虾皮、虾酱、虾油等。川菜常使用虾皮，多用于烧、烩类菜肴和汤菜，以增加鲜味。

【品质鉴定】优质毛虾虾身自然弯曲，有弹性，四肢完整，虾壳光亮、坚硬，虾肉紧实。

【注意事项】注意采用正确的初加工方法，保持原料完整。

【储存方法】活养、冰藏。

6. 螯虾

螯虾又称大头虾、蟹虾，原产美洲。

毛虾

螯虾

【产地】主要产于江苏等地。

【产季】夏季。

【特征特点】螯虾形似龙虾，个头比龙虾小，头胸部较长，呈长卵圆形，体长约 10 厘米。前三对步足都有螯，第一对最发达，似蟹螯。甲壳呈血红色，体色美丽。螯虾通常穴居于稻田和堤岸间，可供食用，但壳厚肉少。

【烹饪应用】螯虾适于烧、炒、煮、炸等。

【品质鉴定】优质螯虾虾身自然弯曲，有弹性，四肢完整，虾壳光亮、坚硬，虾肉紧实。

【注意事项】因此虾为肺吸虫的中间宿主，故须煮熟后再食用。

【储存方法】活养、冰藏。

7. 基围虾

基围虾是一种人工养殖的海虾。基围是指人工挖掘的海滩塘堰，人们趁海水涨潮时将海水和海虾引入基围，养至一定时期，再趁退潮时放水并在闸口捕虾，故而将此虾称为基围虾。

【产地】主要产于广东一带。

【产季】一年四季。

【特征特点】基围虾壳薄体肥，肉质细嫩，味道鲜美。

【烹饪应用】基围虾宜蒸、炸、煮、爆。

【品质鉴定】优质基围虾虾身自然弯曲，有弹性，四肢完整，虾壳光亮、坚硬，虾肉紧实。

【注意事项】注意采用正确的初加工方法，保持原料完整。

【储存方法】活养、冰藏。

基围虾

二、蟹类

蟹类身体背腹扁平近圆形，额剑背腹扁平或无。头胸甲发达。腹部大多退化，紧贴在头胸甲的腹面，但其形状可用于识别雌雄。雌蟹的腹部为半圆形，称为圆脐或团脐；雄蟹的腹部为三角形，称为尖脐。其步足发达，螯肢更甚。蟹的种类多，尤其海蟹种类很多。海蟹盛产于四至十月份，淡水蟹则产于九、十月份。在繁殖季节，雌蟹的消化腺和发达的生殖腺一起称为蟹黄，雄蟹发达的生殖腺称为蟹膏，二者都是名贵且美味的原料。民间流传有“九月团脐十月尖”的说法，道出了食用淡水蟹的最佳时节。

我国的蟹类共有 600 余种，较常见的食用蟹至少在 20 种以上，作为烹饪原料使用的主要有海产的梭子蟹、青蟹、花蟹，以及淡水产的中华绒螯蟹、溪蟹等。

1. 梭子蟹

梭子蟹又称三疣梭子蟹、海蟹、枪蟹。

【产地】产于我国沿海，主要产于黄海、渤海。

【产季】四月所产最为肥美。

【特征特点】梭子蟹头胸甲呈梭形，稍隆起。两侧有长刺，体上有 3 个疣状突起。蟹足发达，长节呈棱柱形，内缘有钝齿，第四对步足呈桨状。雄体呈蓝绿色，雌体呈深紫色。梭子蟹肉嫩味鲜。

【烹饪应用】梭子蟹多整只烹制，宜清蒸、酥炸、烘焖，也可取净肉入烹，能做多种菜肴。

【品质鉴定】优质梭子蟹个体肥大，体重，肢体完整，肌肉紧实。

【注意事项】自然死亡的蟹不宜食用。

【储存方法】活养、冰藏。

2. 青蟹

青蟹又称锯缘青蟹、潮蟹。

梭子蟹　　青蟹

【产地】主要产于福建以南沿海，现已有人工养殖。

【产季】一年四季。

【特征特点】青蟹头胸甲长约 10 厘米，宽约 14 厘米。背部隆起，光滑，呈青绿色。胃区与心区有明显的“H”形凹痕，螯足不对称。雄体腹部呈宽三角形，雌体腹部呈宽圆形。青蟹肉味鲜美。

【烹饪应用】烹法同梭子蟹。

【品质鉴定】优质青蟹个体肥大，体重，肢体完整，肌肉紧实。

【注意事项】自然死亡的蟹不宜食用。

【储存方法】活养、冰藏。

3. 中华绒螯蟹

中华绒螯蟹又称河蟹、毛蟹、清水蟹。

【产地】产于我国南北各水系，以江苏阳澄湖所产最为著名。

【产季】以重阳节前后所产最为肥美，自古有“执蟹赏菊”之说。

【特征特点】雌蟹腹部为半圆形，俗称团脐；雄蟹腹部为三角形，俗称尖脐。

【烹饪应用】中华绒螯蟹宜炒、清蒸、烘焖。

【品质鉴定】优质中华绒螯蟹个体肥大，体重，肢体完整，肌肉紧实。雌蟹优于雄蟹。

【注意事项】自然死亡的蟹不宜食用。

【储存方法】活养、冰藏。

4. 溪蟹

溪蟹又称石蟹，栖于溪流旁或溪中石下。

中华绒螯蟹

溪蟹

【产地】主要产于长江流域、珠江流域及西南地区。

【产季】夏季。

【特征特点】溪蟹近乎方形，宽约 4 厘米，前缘宽。雄蟹螯足大，左右两对显然不同；雌蟹螯足小。

【烹饪应用】溪蟹宜煮、炸。

【品质鉴定】优质溪蟹个体肥大，体重，肢体完整，肌肉紧实。

【注意事项】因此蟹常为肺吸虫的中间宿主，故食用时应充分加热至熟。

【储存方法】活养、冰藏。

第四节　软体动物类

软体动物类原料可分为头足类（如乌贼、鱿鱼等）、腹足类（如田螺、鲍鱼等）和瓣鳃类（如文蛤、河蚌等）三类。

一、头足类

1. 乌贼

乌贼又称墨鱼、目鱼、乌鱼、墨斗鱼，属软体动物。

【种类】常见的品种有金乌贼和无针乌贼，后者的产量较大。

【产地】产于我国沿海，主要产于舟山群岛。

【产季】产于春、夏、秋季，因地区而不同。

【特征特点】乌贼体呈袋状，有一对触腕，几乎与体同长。鲜品色白，肉厚味美，质地脆嫩。

【烹饪应用】乌贼宜爆、炒、凉拌等。

【品质鉴定】优质乌贼新鲜，体完整，无伤痕，无污染。

【注意事项】乌贼不宜与茄子同烹，患有糖尿病、肾病等疾病的人忌食乌贼。

【储存方法】冷冻、冰藏、干制。

2. 鱿鱼

鱿鱼又称枪乌贼、柔鱼。

【种类】包括中国枪乌贼、太平洋褶柔鱼等。

乌贼

鱿鱼

【产地】产于我国沿海，主要产于舟山群岛。

【产季】产于春、夏、秋季，因地区而不同。

【特征特点】鱿鱼色白肉厚，脆嫩爽口，宜爆炒、凉拌。

【烹饪应用】鱿鱼宜爆炒、凉拌。成菜柔嫩或脆嫩。

【品质鉴定】鲜品以色白、肉厚、脆嫩爽口者为佳。

【注意事项】根据不同的烹调方法对原料采用不同的初加工方法。

【储存方法】冷冻、冰藏、干制。

二、腹足类

1. 鲍鱼

鲍鱼又称海耳，是海产八珍之一，为海味之冠。

【种类】供食用的品种有杂色鲍、盘大鲍、耳鲍和半纹鲍等。

【产地】产于世界各海域。

【产季】夏秋两季。

【特征特点】鲍鱼味极鲜美，营养丰富，可鲜食，宜清蒸。

【烹饪应用】鲍鱼主要食用其肥厚的足块，是宴席高档菜肴，多以整只使用。烹调时多用于烧、烩类菜肴，也用于冷菜和汤菜。

【品质鉴定】优质鲍鱼足块肥，肌肉紧实，无破损，无污染。

【注意事项】罐头装鲍鱼开罐即可烹调。

【储存方法】活养，也可制成鲍鱼干或罐头。

2. 海螺

海螺又称红螺。

【产地】产于我国各海域。

【产季】夏季所产最为肥美。

鲍鱼

海螺

【特征特点】海螺壳略近梨形，大而坚厚。壳高 11 厘米，宽 9 厘米，螺旋部短小，壳顶尖细。体螺层膨大，螺层分 5 ~ 6 级，每层宽度迅速增加。壳面粗糙，具有排列整齐而平整的细沟。壳面呈灰黄色或褐色，壳口内为橙红色，有珍珠光泽。

【烹饪应用】海螺主要食用其足块，常切片使用，味鲜美。切片后宜爆、炒、氽、烧、蒸等。

【品质鉴定】优质海螺足块肥，肌肉紧实，无破损，无污染。

【注意事项】初加工时应去尽泥沙等杂质，注意原料的选择。

【储存方法】活养、冰藏。

3. 泥螺

泥螺又称吐铁、麦螺。

【产地】产于我国沿海，江苏所产质量最佳。

【产季】夏秋两季。

【特征特点】泥螺壳呈卵圆形，薄而脆，无螺塔和脐，壳口大，表面光滑。软体部肥大，呈黄色，皮肤稍透明。软体部长 4 厘米，宽 15 厘米，呈长方形，不能完全缩入壳内。头盘肥大，呈拖鞋状。腹足两侧边缘掩盖贝壳的一部分。

【烹饪应用】泥螺多带壳清炒或盐腌后食用。

【品质鉴定】优质泥螺鲜活，大小均匀。

【注意事项】因螺胃中含泥沙多，食用时应注意将螺胃弃去。

【储存方法】活养、冰藏。

4. 田螺

田螺又称螺蛳，生长于湖泊、沼泽、河流、水田等处。

【产地】产于华北地区和黄河流域、长江流域等地。

【产季】夏秋两季所产最为肥美。

【特征特点】田螺壳呈圆锥形，表面光滑。田螺肉营养丰富，含蛋白质、脂肪、矿物质等多种成分，其中钙、磷的含量较高。田螺贝壳大，高 6 厘米，螺旋部较短，螺层约 6 ~ 7 层，体螺层膨胀，壳口边缘呈黑色，故田螺又称黑口圆田螺。

泥螺

田螺

【烹饪应用】田螺多连壳烹调，宜炒、煮。成菜质地脆嫩，味鲜。田螺肉味一般，可整用也可取肉用，常用爆、炒法成菜。

【品质鉴定】优质田螺鲜活，大小均匀。

【注意事项】初加工时应去尽泥沙等杂质，注意原料的选择。

【储存方法】活养、冰藏。

三、瓣鳃类

1. 贻贝

贻贝又称海红、壳菜，我国约有 30 多种。

【产地】产于我国沿海，主要产于渤海和黄海。

【产季】春秋两季。

【特征特点】贻贝壳略呈长三角形，表面有细密生长纹，被有黑褐色壳皮，壳内面呈白色带青紫。贻贝以足丝固着于浅海海底岩石上。

【烹饪应用】贻贝鲜品适于炒、爆、烧、炖、煮、烩等，也可氽汤。

【品质鉴定】优质贻贝鲜活，大小均匀。

【注意事项】初加工时应去尽泥沙等杂质，注意原料的选择。

【储存方法】活养、冰藏。

2. 江珧

我国江珧约有 7 种。

【产地】产于我国沿海。

【产季】春夏两季。

【特征特点】江珧壳大而薄，长可达 30 厘米，略呈三角形或扇形，顶部尖细，背缘较直，腹缘渐突出，后缘较大，壳有放射肋和生长纹。壳面呈淡黄色或淡褐色。咬合部长，韧带发达，与背缘等长。足丝细软。江珧为雌雄异体，成熟时雌体生殖腺呈橘红色，雄体生殖腺呈乳白色。江珧肉质鲜嫩。

贻贝

江珧

【烹饪应用】江珧鲜品以爆炒、氽汤为佳。

【品质鉴定】优质江珧鲜活，大小均匀。

【注意事项】初加工时应去尽泥沙等杂质。

【储存方法】活养、冰藏。

3. 扇贝

扇贝是扇贝科部分贝类的总称。

【种类】我国约有 30 余种扇贝，其中以栉孔扇贝最为常见。

【产地】产于我国北部沿海，现为北方海域的主要养殖品。

【产季】春夏两季。

【特征特点】扇贝壳呈扇形，薄而轻，长 7 ~ 9 厘米，两壳大小几乎相等，左壳凸，右壳稍平。其壳由壳顶向前后各伸出前耳和后耳，前耳形状不同，后耳形状相同。壳表面颜色变化较大，由紫褐色至橙红色，左壳色深，右壳色浅。两壳放射肋强大，左壳有主肋约 10 条，右壳有主肋约 20 条，主肋间有数条小放射肋。主肋自壳顶至壳缘逐渐加粗，并生有鳞片状突起。扇贝以足丝固着于物体生活。扇贝为雌雄异体，卵巢为鲜明的橘黄色，精巢为乳白色。闭壳肌大而发达，外套膜边缘厚，有触手。扇贝肉质嫩味美。

【烹饪应用】鲜扇贝肉适于氽、爆、炒、蒸、炸等。闭壳肌干制后称为干贝。

【品质鉴定】优质扇贝鲜活，大小均匀。

【注意事项】初加工时应去尽泥沙等杂质及内脏。

【储存方法】活养、冰藏。

4. 牡蛎

牡蛎又称海砺子、砺黄。

【产地】产于我国沿海。

【产季】夏季。

扇贝

牡蛎

【特征特点】牡蛎壳形态变化较大，左壳（即下壳）稍大而凹，固着于其他物体上；右壳（即上壳）稍小而平，盖于左壳上。壳表面生有鳞片，放射肋粗大而明显。足退化，无足丝。牡蛎肉质鲜嫩。

【烹饪应用】牡蛎适于汆、炒、蒸、烩、炸等。

【品质鉴定】优质牡蛎鲜活，大小均匀，无污染。

【注意事项】有些地区过去习惯生食牡蛎，但随着海洋污染日趋严重，现不提倡生食。

【储存方法】活养、冰藏。

5. 蛤蜊

蛤蜊的种类较多，以四角蛤蜊最为常见，我国有 10 余种。

【产地】产于我国沿海。

【产季】秋季。

【特征特点】蛤蜊壳厚，略呈方形，壳顶突出。其壳有壳皮，幼小个体的壳多呈淡紫色，近腹缘处为黄褐色，腹面边缘常有一条很窄的缘膜，生长线明显粗大，形成凹凸不平的同心环状纹。蛤蜊肉嫩味鲜。

【烹饪应用】蛤蜊适于汆、爆、蒸、炒、烧、炖等。

【品质鉴定】优质蛤蜊鲜活，大小均匀，无污染。

【注意事项】初加工时应去尽泥沙等杂质及内脏。

【储存方法】活养、冰藏。

6. 文蛤

文蛤为一种常见的海产贝类。

【产地】产于我国沿海，已有人工养殖。

【产季】春末至夏末。

【特征特点】文蛤壳背缘略呈三角形，腹缘呈圆形，壳较厚，两壳大小相等。壳顶突出，壳表凸起且光滑，被有一层黄褐色光滑似漆的壳皮。同心生长纹清晰，带有环形褐色带，壳面花纹变化较大。文蛤没有明显的头部，口部周围有发达的唇瓣。足

蛤蜊

文蛤

位于腹面，呈斧刃状。文蛤为雌雄异体，性腺成熟时呈黄色。文蛤肉味鲜美。

【烹饪应用】文蛤适于汆、炒、爆、蒸、炖、煮等。

【品质鉴定】优质文蛤鲜活，大小均匀，无污染。

【注意事项】初加工时应去尽泥沙等杂质及内脏。

【储存方法】活养、冰藏。

7. 蛏子

蛏子又称蛏子皇，是刀蛏科和竹蛏科贝类的总称。

【种类】代表品种有缢蛏和竹蛏。

【产地】产于我国沿海。

【产季】春夏两季。

【特征特点】蛏子壳呈长方形，薄而脆，壳顶位于背缘略靠前方。缢蛏壳中央稍靠前端处有一自壳顶至腹缘的斜沟，状如缢痕。壳表面呈黄绿色，生长线明显。

【烹饪应用】蛏子适于汆、炒、爆等。

【品质鉴定】优质蛏子鲜活，大小均匀，无污染。

【注意事项】初加工时应去尽泥沙等杂质及内脏。

【储存方法】活养、冰藏。

8. 西施舌

西施舌又称车蛤、土匙、沙蛤。

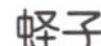

蛏子

西施舌

【产地】产于我国沿海，主要产于福建。

【产季】夏季。

【特征特点】西施舌壳略呈三角形，较薄，壳顶凸起，壳缘圆。壳面生长纹呈同心环状，细密而明显。壳表具有黄褐色发亮外皮，顶部为淡色；壳内面为淡紫色。其足块大如舌，故名西施舌。西施舌肉细嫩鲜美。

【烹饪应用】西施舌烹制时用其肉，宜爆、炒、清蒸、煮。

【品质鉴定】优质西施舌鲜活，大小均匀，无污染。

【注意事项】初加工时应去尽泥沙等杂质及内脏。

【储存方法】活养、冰藏。

9. 河蚌

河蚌又名高娃、河歪，为淡水中的双壳软体贝类。

【产地】产于我国各地河流、湖泊、池塘中。

【产季】夏季盛产。

【特征特点】河蚌壳稍膨胀，近卵圆形，不具有咬合齿。河蚌外壳表面一般呈黄褐色，有微细的环形脉。斧足发达，呈黄白色。

河蚌

【烹饪应用】河蚌须去掉黄色的鳃和黑色的肠后烹制。因其肉质较粗老，故适于采取烧、炖、煮、烩等长时间加热的烹调方法。

【品质鉴定】优质河蚌鲜活，大小均匀，无污染。

【注意事项】初加工时应去尽泥沙等杂质及内脏。

【储存方法】活养、冰藏。

思考与练习

1. 如何区别鳙鱼和鲢鱼?
2. 如何鉴定鱼的品质?
3. 总结水产品在烹饪中的应用。
4. 常用虾类原料有哪些?

第七章

干货类原料

学习目标

1. 掌握干货类原料的概念、特点及分类。
2. 掌握干货类原料的烹饪运用规律。
3. 了解常见干货类原料的品种、产地、制作方法、特性、类别、质量要求。
4. 了解干货类原料的品质鉴定标准及储存方法。

干货类原料又称干货、干料，由鲜活的动植物原料经初加工、脱水、干制而成。其特点是含水量很低，组织紧密，具有干、老、硬、韧的特点，经重新吸水后方可使用，它是烹饪原料的重要组成部分。

第一节　干货类原料概述

一、干货类原料的分类

干货类原料品种多，特点各异，其分类方法也较多。根据干货类原料的性质和特点不同，一般可将干货类原料分为动物性干货原料和植物性干货原料两大类，如下图所示。

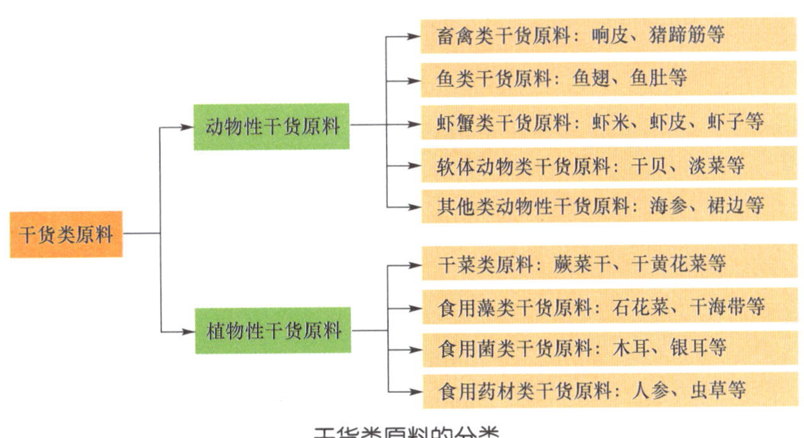

干货类原料的分类

二、干货类原料干制方法简介

干货类原料常用的干制方法有晒干、风干、烘烤等。晒干、风干的优点是操作简便、成本低，在干燥过程中有助于形成干货类原料的风味；缺点是干燥时间长，原料易受污染，干燥效果受气候条件的影响较大，品质不能保证。目前大部分干货类原料采用烘烤等人工干制法。

三、干货类原料在烹饪中的应用

干货类原料在烹饪中主要作为菜肴的主料，有时也作为配料使用，以增加菜肴的品种。干货类原料也可作为特殊风味原料使用，以增加菜肴特色，还可作为调色料或调香料使用。

四、干货类原料的品质鉴定标准及储存方法

干货类原料品质鉴定标准及储存方法见表 7–1。

表 7–1　　干货类原料品质鉴定标准及储存方法

品质鉴定标准	储存方法
干燥	库房应通风、透气、干燥、凉爽，避免日光长时间照射，避免受闷生虫、受潮发霉、腐败
不氧化、酸败	存放于货架上，严禁接触地面
无虫蛀，未霉变	单独密封储存，防止串味
外观整齐，杂质少，内在品质好	要有良好的包装
具有其本身所固有的品质、色泽、气味	利用硫酸钙、硅胶等干燥剂和防腐剂储存

第二节　动物性干货原料

一、畜禽类干货原料

1. 响皮

响皮由猪皮经煮熟后除去皮下脂肪及杂毛，再晒干或风干而成。因为油发好的肉皮浸泡于水中会发出“啪啪”的响声，故称响皮。

【产地】产于全国各地。

【产季】一年四季。

【特征特点】响皮为肉色，含有大量胶原纤维，口感韧，极富胶质，涨发性好。

【烹饪应用】响皮宜制皮冻、清冻和各种花色冻，用水泡软后可烩、炖、扒、熘等，还可用于涮火锅，为大众化原料，宴席使用较少。

【品质鉴定】优质响皮外表洁净无毛，色泽黄亮，无残余肥膘，皮质坚厚紧实，毛孔细小，张大皮整，干燥，无哈喇味儿，尤以猪背皮或臀皮所制为优。

【注意事项】煮制火候要恰当，应尽量去掉肥膘，晒干。

【储存方法】置于阴凉、通风、干燥处储存。

2. 猪蹄筋

猪蹄筋以猪的肌腱及关节韧带经整形、阴干制成。

【种类】分为前蹄筋和后蹄筋。

【产地】产于全国各地。

【产季】一年四季。

响皮

猪蹄筋

【特征特点】质干的猪蹄筋老韧、硬，呈无色半透明带胶状。猪后蹄筋长而粗圆、肥大，水发后质软糯；前蹄筋细短有分支，质硬，涨发率低，呈乳白色或乳黄色。后蹄筋质量优于前蹄筋。

【烹饪应用】猪蹄筋多烩、扒、煨、炖等，成菜柔糯不腻，润滑肥美。

【品质鉴定】优质猪蹄筋色正、干燥，无残余的肥膘和残肉，无异味，未霉变。

【注意事项】烹制前须经涨发。涨发的方法有油发、水发、盐发、水油发。

【储存方法】置于低温、通风处储存。

3. 鹿筋

鹿筋用梅花鹿和马鹿等的四肢韧带、粗筋干制而成。

【产地】产于东北及河北、青海、甘肃、四川等地。

【产季】一年四季。

【特征特点】鹿筋呈细条状，为金黄或棕黄色，有光泽而透明，成熟后质糯。

【烹饪应用】鹿筋适于汆汤、烧、烩、扒、炖、蒸、煨等。

【品质鉴定】优质鹿筋干而坚韧，条长、粗大，色金黄，有光泽。

【注意事项】注意涨发方法和火候。

【储存方法】置于低温、通风处储存。

4. 牛鞭

牛鞭用公牛的外生殖器除去残肉和油脂干制而成。

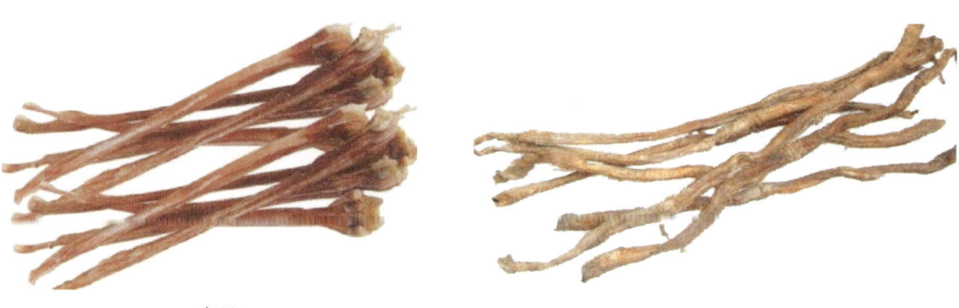
鹿筋　　牛鞭

【产地】产于全国各地。

【产季】一年四季。

【特征特点】牛鞭呈长条状，表面为棕色，有纵向的皱沟，质坚韧，膻臊味较重。

【烹饪应用】牛鞭适合烧、炖、蒸、爆等。

【品质鉴定】优质牛鞭长而粗壮，无残肉及油脂，形状完整，质干。

【注意事项】涨发时注意去除膻臊味。

【储存方法】置于低温、通风处储存。

5. 驼峰

驼峰又称驼脂、肉鞍、驼鞍，由骆驼背上的肉峰干制而成。

【种类】分为雄峰和雌峰。

【产地】产于内蒙古、甘肃、青海等地。

【产季】一年四季。

【特征特点】驼峰肉质细腻，由含胶原纤维较多的脂肪组成，双驼峰中储存的脂肪超过 40 千克。雄峰又称甲峰，肉质呈半透明状，质地较嫩，品质较好；雌峰又称乙峰，涨发后色白，质地较老，品质次于雄峰。

【烹饪应用】驼峰适于炒、烧、烩、扒、炖、煨等。

【品质鉴定】应选用雄驼的前峰。优质驼峰形状完整，无异味。

【注意事项】烹制前须涨发，去净残毛。驼峰本身无味，须使用老母鸡、火腿、干贝等鲜味原料一起烹调。

【储存方法】置于低温、通风处储存。

6. 燕窝

燕窝是金丝燕用吐出的唾液在岩石峭壁上筑成的窝巢，以唾液细丝供食用。

【种类】根据颜色和品质不同，可分为白燕、毛燕和血燕。

【产地】产于我国南海诸岛，以海南万宁燕窝最为著名。

【产季】每年的二至四月、八至十月。

【特征特点】白燕也称官燕，为金丝燕孵卵前筑的巢，色白，质厚，毛少，质量最佳。血燕为金丝燕急于孵卵时筑的巢，色红，质薄，毛及杂质较多，质量次于白燕。毛燕为金丝燕脱毛期筑的巢，因多带燕毛而得名，色灰黑，毛及杂质较多，质量最次。

【烹饪应用】燕窝一般用来制作羹汤类菜肴，咸甜均可，偶有烩、拌成菜。

【品质鉴定】品质好的燕窝外形规则完整，干燥，体大而厚，洁白，透明或半透明，毛少或无毛，微有清香味。若色泽灰暗，含羽毛、藻类、血丝，则质次。

【注意事项】烹制前须涨发，去净残毛杂质，最宜制作清汤类菜肴。

【储存方法】燕窝在储存时须防止受潮引起发霉，可将其放入密封的箱盒中储存，内衬防潮保护剂及吸湿剂，温度控制在 5 ℃。

白燕

毛燕

血燕

二、鱼类干货原料

1. 鱼翅

鱼翅又称鲨鱼翅、鲛鲨翅、金丝菜，由鲨鱼、鳐鱼等软骨鱼的鳍加工干制而成，是较为名贵的烹饪原料。近年来，有些地方为制取鱼翅而对鲨鱼滥加捕杀，在一定程度上造成了较为严重的生态问题。

【种类】按加工程度不同可分为生翅、毛翅和净翅三种，净翅质量最佳。按形状不同可分为针翅和饼翅，针翅质量优于饼翅。按颜色不同可分为黄翅、灰翅、青翅、白翅和黑翅，青翅质量最佳。按加工部位不同可分为胸翅、背翅、尾翅等，背翅质量最佳。

【产地】主要产于广东、福建、台湾等地，以及日本、菲律宾、泰国等国。

【产季】一年四季。

【特征特点】鱼翅呈透明胶体状，无色无味，口感软糯，富有韧性。

【烹饪应用】鱼翅适于烧、煨、扒、蒸、烩、制汤等。

【品质鉴定】优质鱼翅体干、完整、色泽光亮，以粗肥长大的背翅为佳。

【注意事项】烹制前须涨发，涨发方法为水发。因其本身无味，须加入鲜味足的火腿、鸡肉、干贝及高级上汤一起烹煮。

【储存方法】注意防潮、防蛀，充分晒干后用防潮纸或塑料袋密封，置于阴凉干燥处储存。

2. 鱼肚

鱼肚又称鱼白、鱼脬、鱼胶等，由大中型硬骨鱼的鱼鳔加工干制而成。

【种类】常见的鱼肚有毛常肚、黄唇肚、大黄鱼肚和鳗鱼肚。

【产地】主要产于广东、广西、福建、海南等沿海地区。

【产季】一年四季。

鱼翅

鱼肚

【特征特点】毛常肚为椭圆形、马鞍状，壁厚，呈浅黄色。黄唇肚为椭圆或圆形，淡黄而有光泽。大黄鱼肚形大而厚实的称为提片，形小而片薄的称为吊片，将数片小而薄的黄鱼肚压制在一起的称为搭片。鳗鱼肚细长，呈圆柱形，壁薄，呈淡黄色。

【烹饪应用】鱼肚一般宜采用烩、烧、扒、焖等带汤汁、长时间加热的烹制方法。

【品质鉴定】优质鱼肚片大、整齐、干燥、厚实，呈淡黄色或白色，洁净而有光泽，半透明，无血筋。黄唇肚品质最好，但它是由国家保护鱼类黄唇鱼的鳔干制而成，因此禁止使用。鳗鱼肚的质量最差。

【注意事项】烹制前须涨发，可水发、盐发、油发和混合发等。因其本身无味，须与鲜味原料或上汤一起烹制。

【储存方法】置于通风处单独储存，防止串味。

3. 鱼唇

鱼唇又称鱼头，用鲨鱼、鲟鱼、鳐鱼等鱼类唇部周围的软肉及骨组织加工而成。

【产地】主要产于福建、台湾，以及广东的湛江、汕头等地。

【产季】一年四季。

【特征特点】鱼唇质细嫩，味鲜美，营养丰富，略呈透明状。

【烹饪应用】鱼唇宜扒、焖、炖、烧、烩等。

【品质鉴定】优质鱼唇干而厚，呈灰白色，透明，无虫蛀，无臭味。

【注意事项】烹制前须水发。因其本身无显著的味道，须与鲜味足的鸡肉、鸭肉、火腿或其他鲜味足的原料一起烹煮。

【储存方法】置于干燥、通风、低温处储存。

4. 鱼皮

鱼皮用鲨鱼、鳐鱼的背部厚皮加工而成。

【种类】常见的有原鱼皮和净鱼皮。

【产地】主要产于广东、福建、台湾等地，以及日本、菲律宾、泰国等国。

【产季】一年四季。

鱼唇

鱼皮

【特征特点】鱼皮富含胶质，口感软糯滑爽。原鱼皮由于只去腐肉而没有去沙即晒干，因此表面布满沙粒。净鱼皮片薄，呈淡黄色，光洁，半透明。不同种类的鱼皮呈现不同的颜色。青鲨皮呈灰色；真鲨皮呈灰白色；姥鲨皮呈灰色，表面不平，沙粒多，质量最差；虎鲨皮呈青褐色；犁头鳐皮呈黄褐色，质量最好。

【烹饪应用】鱼皮宜烧、煨、扒、炖、焖、烩等。

【品质鉴定】优质鱼皮皮面大，无孔，厚实，洁净而有光泽。若鱼皮内面呈黄白色，透明洁净，表明已经去净残肉。若表面发红，则表明残肉已经发生腐败变质，这种鱼皮俗称油皮，质劣。

【注意事项】烹制前须水发。因其本身无味，须加入鲜味足的火腿、鸡肉、干贝及高级上汤一起烹煮。原鱼皮去沙时一定要处理干净。

【储存方法】注意防潮、防蛀，充分晒干后用防潮纸或塑料袋密封，置于阴凉干燥处储存。

5. 鱼骨

鱼骨又称明骨、鱼脆、鱼脑石，由鲨鱼、鳐鱼的软骨以及鲟鱼、鳇鱼的鳃脑骨加工而成。

【种类】常见鱼骨有长形鱼骨和方形鱼骨两种。

【产地】主要产于海南、广东、广西、福建等沿海地区。

【产季】七至十一月为生产旺季。

【特征特点】鱼骨质地坚硬，呈白色至淡米黄色，半透明，有光泽。涨发后呈白色半透明状，质脆软。

【烹饪应用】鱼骨宜烧、煮、炒、炖、煨等。

【品质鉴定】优质鱼骨体大完整，干燥洁净，色白，半透明。

【注意事项】烹制前须水发。因其本身无显著的味道，须与其他鲜味足的原料一起烹制。

【储存方法】置于干燥、通风、低温处储存，最好能单独包装储存。

6. 鱼信

鱼信又称鱼筋、鱼骨髓，由鲨鱼、鲟鱼、鳐鱼、鳇鱼等的脊髓干制而成。

【产地】主要产于福建、台湾，以及广东的湛江、汕头等地区。

【产季】一年四季。

【特征特点】鱼信呈长条状，为白色，质地脆嫩。

【烹饪应用】鱼信宜用煨、炖、烧、烩等方法成菜。

【品质鉴定】优质鱼信条形粗大，色白，质地干燥。

【注意事项】烹制前须水发。因其本身无显著的味道，须与其他鲜味足的原料一起烹制。

【储存方法】置于干燥、通风、低温处储存，最好能单独包装储存。

三、虾蟹类干货原料

1. 虾米

虾米又称开洋、金钩，用中小型虾经盐水煮制，晒干，去头、尾、外壳制成。虾米有淡黄、浅红、粉红三种颜色。用海虾所制的称为海米，用河虾所制的称为河米。

【产地】主要产于我国沿海地区及江河湖泊周边地区，河米以湖北洪湖等地所产的较有名。

【产季】一年四季。

【特征特点】虾米成品前端粗圆，后端呈尖细弯钩形，味鲜。

【烹饪应用】虾米宜熬、炖、拌、炒、烩等，也可作为菜肴的配料、馅料及火锅的增鲜原料。

【品质鉴定】优质虾米身干，色泽红黄光润，颗粒均匀完整，无灰壳、爪节、爪甲、黑头。

【注意事项】虾米赋味性强，用开水浸泡至软即可入菜。

【储存方法】注意防潮、防蛀，宜充分晒干后用防潮纸或塑料袋密封，置于阴凉干燥处储存。

2. 虾皮

虾皮又称虾米皮、皮米，选用海产的毛虾干制而成。因毛虾体小肉少，干制后形态干瘪，故称虾皮。

【种类】分生虾皮和熟虾皮两种。毛虾直接干制的称为生虾皮，煮熟后干制的称为熟虾皮。

【产地】主要产于我国沿海地区。

虾米

虾皮

【产季】一年四季。

【特征特点】虾皮形状干瘪，味鲜香。

【烹饪应用】虾皮适于制馅、做汤或做凉拌菜。

【品质鉴定】优质虾皮个头大，体形完整，干燥，颜色微黄或发白，盐分少，无杂质。

【注意事项】烹制前须水发。泡虾皮的水不要丢弃，可与虾皮一起烹制。

【储存方法】注意防潮、防蛀，宜充分晒干后用防潮纸或塑料袋密封，置于阴凉干燥处储存。

3. 虾子

虾子选用海产对虾、白虾和淡水大沼虾的虾卵加工而成。即将抱卵的活虾放在清水中轻轻搅动，使虾卵沉淀于水中，再沥干水分，晒干或烘干即成。

【产地】产于全国各地。

【产季】春秋两季。

【特征特点】虾子呈细小圆粒状，呈浅红或橘红色，有光泽。

【烹饪应用】虾子含鲜味成分较多，可作为烹饪中的鲜味调料或辅料，也可加在调味料中。

【品质鉴定】优质虾子干燥，无结块，色艳而有光泽，无哈喇味儿，无杂质。

【注意事项】用开水浸泡至软即可入菜。

【储存方法】置于阴凉干燥处储存，以防变质。

4. 蟹粉

蟹粉又称蟹黄，是将体形较大的海蟹和河蟹洗净、蒸熟、剔出蟹黄后干制而成，一般多用海蟹加工。

【产地】主要产于我国沿海地区及内陆部分河湖周边，以江苏阳澄湖所产的大闸蟹蟹粉最为著名。

【产季】春秋两季。

虾子

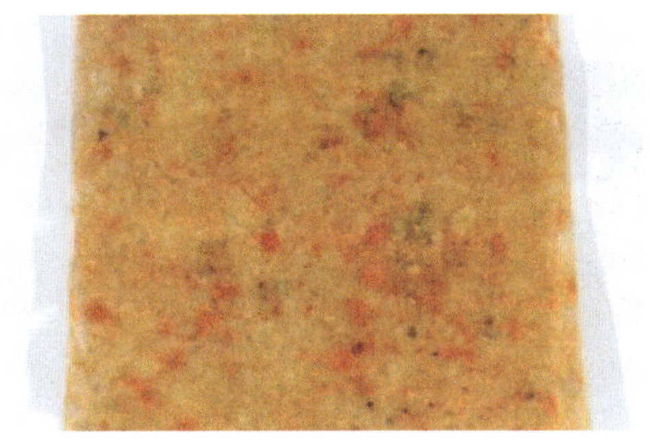
蟹粉

【特征特点】蟹粉呈油黄色，包含橘红色卵块，味鲜香。

【烹饪应用】蟹粉宜烧、烩、炖、炒、扒等，可作为蟹粉菜的主料或配料，也可用来制卤、做馅。

【品质鉴定】优质蟹粉块大整齐，味鲜色艳，香味浓，盐味轻，无杂质、碎骨。

【注意事项】蟹粉烹调前须炒、熬，以利于出味。

【储存方法】注意防潮、防蛀，宜充分晒干后用防潮纸或塑料袋密封，置于阴凉干燥处储存。

5. 蟹子

蟹子是用我国沿海所产的三疣梭子蟹的卵加工而成。

【种类】分为熟蟹子和生蟹子。

【产地】主要产于浙江舟山、渤海湾及江苏沿海地区。

【产季】盛产于每年的五月和十月。

【特征特点】熟蟹子颜色鲜艳，饱满光滑，以味淡者为上品。生蟹子颗粒松散，颜色较淡，鲜香味不及熟蟹子。

【烹饪应用】蟹子在寿司中应用较多，如“蟹子紫菜寿司饭”“水果蟹子寿司卷”，国内的名菜有“蟹子鱼肚”“蟹子鲜带子”“蟹子虾仁”等。

【品质鉴定】优质蟹子颜色鲜艳，饱满光滑，味淡。

【注意事项】一般选用熟蟹子。

【储存方法】注意防潮、防蛀，宜充分晒干后用防潮纸或塑料袋密封，置于阴凉干燥处储存。

6. 鲍鱼干

鲍鱼干又名大鲍、干鲍，由鲜鲍鱼经去壳、去内脏、盐腌、煮熟、晒干而成。

【种类】分为金钱鲍和马蹄鲍两类，小者为金钱鲍，大者为马蹄鲍。

【产地】主要产于山东、广东等地。

【产季】夏秋两季。

蟹子

鲍鱼干

【特征特点】鲍鱼干肉质细嫩，味极鲜美，营养丰富。

【烹饪应用】鲍鱼干多烧、烩、拌等，成菜常作为宴席中的大菜。

【品质鉴定】优质鲍鱼干颜色鲜艳，半透明，身干体大，厚而饱满，不带内脏。

【注意事项】烹制前须水发或碱发。发鲍鱼干的水不要丢弃，应与鲍鱼干一起烹制。

【储存方法】注意防潮、防蛀，宜充分晒干后用防潮纸或塑料袋密封，置于阴凉干燥处储存。

7. 海蜇干

海蜇是一种腔肠动物，海蜇干为其干制品。

【产地】产于我国沿海，福建、浙江出产的品质最好。

【产季】夏、秋、冬三季。

【特征特点】海蜇干质地脆嫩，营养丰富。

【烹饪应用】海蜇干多拌食，也可用炝、扒等方法成菜。

【品质鉴定】海蜇干的一级品内杆完整，呈红色，有光泽，质地松脆，无泥沙、血衣、碎片；二级品内杆完整，呈红色，有光泽，质稍韧，无泥沙、碎片和其他杂质；三级品呈淡红黄色，有光泽，无泥沙，有破碎现象。

【注意事项】烹制前须用冷水涨发，洗净泥沙等杂质，撕去血筋，去尽涩臊味和咸味。

【储存方法】注意防潮、防蛀，宜充分晒干后用防潮纸或塑料袋密封，置于阴凉干燥处储存。

海蜇干

四、软体动物类干货原料

1. 干贝

干贝是扇贝科的扇贝、日月贝和江珧的闭壳肌的干制品，又称瑶柱。

【产地】主要产于渤海和胶州湾沿海，以山东荣成所产为佳。

【产季】盛产于每年五月和十月。

【特征特点】用扇贝所制的干贝圆整，呈浅黄色，肉质细嫩，只有一个柱心，味极鲜美。用日月贝所制的干贝称为带子，体小而扁圆，色浅黄，味微回甜，入口绵老，质量次于前者。用江珧所制的干贝较粗长，纤维较粗，有两个柱心，入口老韧，鲜味最差。

【烹饪应用】干贝常用于对一些自身无鲜味的原料的增鲜，作为主料时适宜烧、扒、烩、焖、蒸等。

【品质鉴定】优质干贝干燥，粒大饱满，呈淡黄色，有光泽，肉质细密，咸味轻，鲜味突出，有香气，无杂质。颜色灰暗发黑、肉质老韧、鲜味不突出者质量最差。

【注意事项】干贝应先用少量清水泡软，撕去老筋，再加清水、黄酒、姜、葱，上笼蒸 2 小时，至手指能捻成丝即可使用。原汤不可丢掉，可作为鲜味剂。

【储存方法】注意防潮、防蛀，宜充分晒干后用防潮纸或塑料袋密封，置于阴凉干燥处储存。

2. 淡菜

淡菜也称海红干、贡淡、壳菜等，用煮熟的贻贝肉干制而成，因加工中不用盐，故名淡菜。

干贝

淡菜

【种类】按大小可分为子淡（形如蚕豆）、中淡（形如小枣）、大淡（形如大枣）、特大淡（个头最大，3 个干制品就有 50 克）。有的地方将淡菜由小到大称为子淡、元淡、贡淡、大淡。

【产地】主要产于浙江舟山以及辽宁、山东、广东、福建等沿海地区。

【产季】春秋两季。

【特征特点】淡菜为卵圆形，雌体干制品呈浅紫色或棕红色，雄体干制品呈乳白色。淡菜味极鲜香。

【烹饪应用】淡菜的营养价值极高，含有丰富的蛋白质、脂肪及钙、磷、铁等矿物质，味极鲜美，可作为增鲜品。其药用价值也高，可作为产妇的滋补品。

【品质鉴定】优质淡菜干而大，肉厚且紧实，形状整齐，呈紫棕色或乳白色，略有光泽，无杂质，无破损，味鲜，带有海鲜香气。

【注意事项】烹制前须水发，用清水浸泡回软后撕掉毛边即可使用。

【储存方法】置于干燥处避光储存。

3. 蛏干

蛏干又称美人干，是将缢蛏和竹蛏煮熟取肉晒干或直接取肉晒干而成。

【产地】产于沿海地区，主要产于福建、浙江、江苏等地区。

【产季】一般为四至八月。

【特征特点】蛏干呈扁长条形，为淡黄色，有的顶部为双角，有的顶部为单角。用缢蛏加工的为双角蛏干，用竹蛏加工的为单角蛏干。

【烹饪应用】蛏干可用于烧菜、煨汤。

【品质鉴定】优质蛏干干燥，体形大而完整，肉厚，色淡黄，干度高，无杂质，无碎品，气味香。

【注意事项】用清水浸泡回软后即可使用。

【储存方法】置于干燥处避光储存。

4. 蚝豉

蚝豉也称蛎干或牡蛎干，是将牡蛎煮熟取肉晒干或直接取肉晒干而成，外形与淡菜相似。

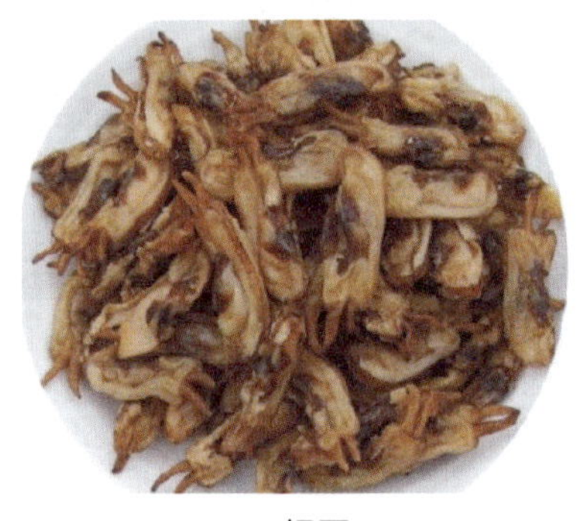
蛏干

蚝豉

【种类】分为生、熟两种。

【产地】主要产于广东、福建、台湾、广西等沿海地区。

【产季】春秋两季。

【特征特点】蚝豉外形较枯瘦，呈金黄色，有光泽，味鲜香。生蚝豉以金黄色、肉肥壮饱满者为上品，熟蚝豉以金黄色、有光泽、肉肥壮饱满者为佳。

【烹饪应用】蚝豉可炖、炒成菜，也可煨汤提味。

【品质鉴定】优质蚝豉呈金黄色，有光泽，肉厚且肥壮饱满。

【注意事项】烹制前须用水泡软。

【储存方法】置于干燥处避光储存。

5. 鱿鱼干

鱿鱼干也称柔鱼干，由软体动物鲜鱿鱼干制而成，属海味上品。

【种类】分为淡干品和咸干品。

【产地】主要产于广东、福建、浙江、山东等地区，尤以广东汕头、香港九龙所产最为著名。

【产季】一年四季。

【特征特点】鱿鱼身体分为头部和胴部。干制后的头部呈扁佛手状；胴部肌肉厚实，呈狭长的圆筒形；尾部两侧有菱形肉鳍紧附，并在末端愈合；胴部内有一退化的薄膜状内骨骼。鱿鱼干肉质柔嫩，味美，营养丰富。

【烹饪应用】鱿鱼干可炒、爆、熘、烧、烩、炖、煨等。

【品质鉴定】优质鱿鱼干颜色鲜艳，肉质粉红，气味清香，体紧实而干燥、均匀，表面略有白霜，外形长。淡干品质量优于咸干品。鱿鱼干按商业品级分为四等，其中体长 20 厘米以上、片大肉厚、干燥者为甲级品。

【注意事项】烹制前如要涨发，一般碱发。使用前，要先用清水浸泡回软，然后加入适量的碱拌匀，冲入适量的开水，静置至鱿鱼体色微红、体壁变厚、有弹性、呈半透明状，再取出放入清水中，漂去碱味后即可使用。

【储存方法】防潮、防蛀。多以数只为一捆，存放在通风阴凉处。

6. 墨鱼干

墨鱼干也称目鱼干、明脯、螟脯鲞、乌鱼干等，由软体动物乌贼加工干制而成。中医学认为，墨鱼干有养血滋阴的功效，所以民间多将其作为滋补食品。

鱿鱼干

墨鱼干

【产地】主要产于广东、福建、浙江、山东等地区。

【产季】一年四季。

【特征特点】墨鱼干呈棕红色或褐色，体形比鱿鱼干稍短，肉质较厚，中间有一块大骨头。

【烹饪应用】墨鱼干可炒、爆、熘、烧、烩、炖、煨等。

【品质鉴定】优质墨鱼干个体均匀，肉体平展，头腕完整无残缺，肉厚，体呈棕红色，表面白粉明显，呈半透明状，有海鲜香味。质陈、有浊腥味、有霉味的为变质品。一般体长 15 厘米左右的为一级品，体长 10 厘米左右的为二级品，体长 7 厘米左右的为三级品。

【注意事项】烹制前须碱发，发后用清水浸泡，去除碱味。

【储存方法】防潮、防蛀。多以数只为一捆，存放在通风阴凉处。

7. 乌鱼蛋

乌鱼蛋为墨鱼卵的干制品，一般为盐干制品。

【产地】主要产于山东省的青岛、烟台等地。

【产季】盛产于五月和六月。

【特征特点】乌鱼蛋含有丰富的蛋白质，味极鲜美，营养价值高。

【烹饪应用】乌鱼蛋可烧、烩等。

【品质鉴定】优质乌鱼蛋个头大，色白，完整，无异味。

【注意事项】烹制前须涨发。

【储存方法】置于干燥、阴凉、通风处储存，注意防蛀。

乌鱼蛋

五、其他类动物性干货原料

1. 海参

海参是一种较为贵重的海产干货原料。

【种类】分为有刺参和无刺参。有刺参包括梅花参、方刺参、灰刺参、白刺参等，无刺参包括乌元参、黄玉参、乌虫参、赤乌参等。

【产地】产于我国北部沿海地区以及南海。

【产季】一年四季均产。

【特征特点】海参体为黑褐色，呈长筒形或蠕虫形，有刺或无刺，体肥，质硬且有弹性，口感糯而滑爽。

【烹饪应用】海参可炒、爆、熘、烧、烩、炖、煨等。

【品质鉴定】优质海参体形粗大饱满，皮薄，体壁厚实，腹部平整，开口，干燥，无沙粒。有刺参优于无刺参，灰刺参品质最佳。

【注意事项】烹制前须涨发，一般水发、火发或水火相结合涨发，涨发时宜少煮多焖。

【储存方法】置于干燥、阴凉、通风处储存，注意防蛀。

干海参

水发海参

2. 裙边

鳖的背腹甲由结缔组织相连，形成厚实的边，类似裙子，这种组织就称为裙边，多为干制品。

【种类】分为用淡水鳖制作的裙边和用海鳖制作的裙边。

【产地】产于全国各地。用海鳖制作的裙边主要产于海南岛、西沙群岛等地，现产量较少。

【产季】六、七月份所产的最为肥美。

【特征特点】裙边富含胶质，呈玉白色，软嫩滑爽，适口性好。

【烹饪应用】裙边适合烧、扒、炖、煨、焖等。

【品质鉴定】优质裙边厚实，无腥味。淡水鳖制品中，用江苏花鳖制作的裙边为精品。

【注意事项】烹制前须先浸泡 12 小时，入沸水中煮半小时，刮去黑皮洗净，再换热水浸泡至柔软。

【储存方法】置于低温通风处储存。

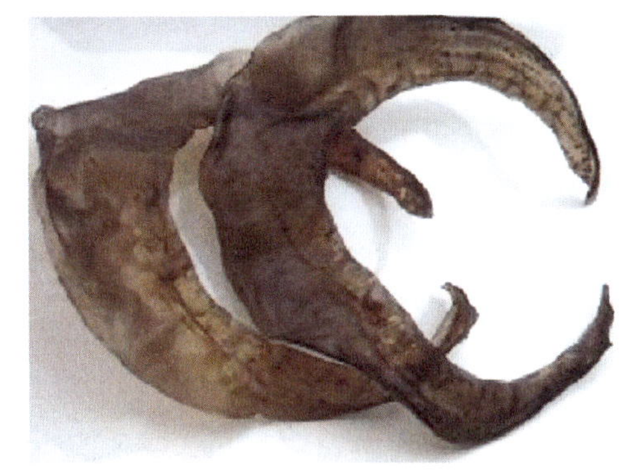

裙边

第三节　植物性干货原料

一、干菜类原料

干菜类原料是将新鲜的蔬菜直接干制或腌渍、泡制后再干制而成的一类蔬菜制品。根据加工方法不同，干菜可分为脱水干制菜（常见的有蕨菜干、黄花菜、玉兰片、香菇、木耳等）和腌渍干制菜（常见的有霉干菜、冬菜等）。

干菜类原料的特点是含水量少，便于储存、运输，风味独特，但它使用前必须经过涨发。常见的干菜类原料有以下几种：

1. 蕨菜干

蕨菜干又称拳头菜、蕨儿菜、龙头菜，是鲜蕨菜嫩叶柄的干制品，为山珍之一。

【产地】广泛产于热带、亚热带、温带地区的山坡阴地。

【产季】秋季。

鲜蕨菜

蕨菜干

【特征特点】蕨菜干呈淡白绿色，口感清爽。

【品质鉴定】优质蕨菜干清香爽口、软嫩，无杂质、老茎。

【注意事项】烹调时应多放入油脂，最宜与动物性原料一起炒。

【储存方法】置于通风、阴凉、干燥处储存。

2. 干黄花菜

干黄花菜由鲜黄花干制而成。一般选择花蕾饱满、颜色黄绿、花苞上纵沟明显，但尚未开放的鲜黄花采摘、干制。其干制方法分为晒干和烘干两种，其中烘干又分为用明火小火直接烘干和烘房高温间接烘干。

【产地】产于全国各地，主要产于湖南邵阳、山西大同、河南淮阳、甘肃庆阳、云南大理等地。

【产季】春末夏初。

【特征特点】干黄花菜按质量不同分为 3 个等级。一级品干燥，有香气，色金黄，粗细均匀，无蒂柄、杂质、虫蛀，不霉烂。二级品干燥，色黄，粗细均匀，无蒂柄、杂质、虫蛀，不霉烂，开花率不高于 6%。三级品干燥，粗细不均，色黄且带暗褐色，无异味、杂质、虫蛀，不霉烂，开花率不高于 12%。

【烹饪应用】干黄花菜适宜炒、烧、烩、煮汤，还可作为面食馅心和臊子原料。

【品质鉴定】优质干黄花菜色泽黄亮，形状细长且粗细均匀，无杂质、虫蛀，不霉烂，有清香味，无硫黄、烟熏、霉烂等气味。优质干黄花菜以手握之感觉柔软有弹性，松手能快速散开，说明其干燥且含水量适当。

【注意事项】烹制前应先用水泡软。

【储存方法】置于通风、阴凉、干燥处储存。

3. 玉兰片

玉兰片以鲜嫩的冬笋、春笋为原料，经切根、蒸煮、整形、烘焙等工序加工制作而成。

【种类】根据加工和采收时间不同，可分为尖片、桃片、冬片、春片。

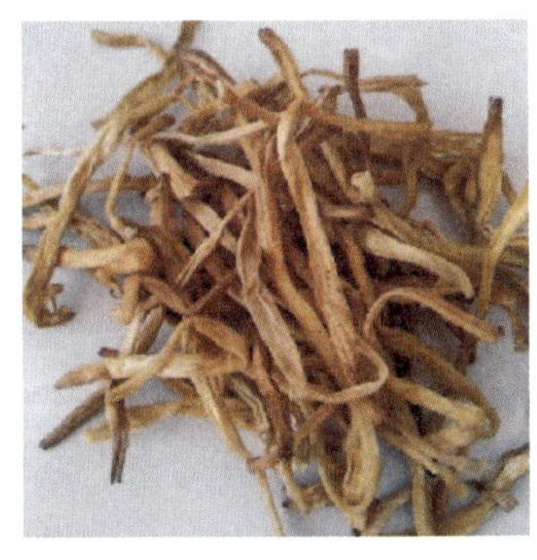

干黄花菜

玉兰片

【产地】主要产于我国南方，如福建、浙江、江西、湖南、安徽、四川、贵州等地。

【产季】冬春两季。

【特征特点】玉兰片成品为白色，呈短片形，中间宽，两端尖，因形似玉兰花瓣而得名。

【烹饪应用】玉兰片适宜炒、烧、焖、烩、炖等，可作为菜肴的配料，可切丝做大菜垫底，可斩细做馅心、面臊，有时也可作为配色、配形料。

【品质鉴定】优质玉兰片颜色玉白，干燥，无霉点、黑斑，肉厚节密，质地脆，鲜嫩无杂质。

【注意事项】烹制前须用清水泡发 2 ~ 3 日，令其充分吸水，除去硫黄味方可入菜。

【储存方法】置于通风、阴凉、干燥处储存。

4. 贡菜

贡菜又称薹菜干、薹干、秋薹子，用白菜的变种薹菜加工而成。薹菜形似莴笋，圆锥形的根发达，将薹菜去皮后划成三棱细条状，晾晒或人工脱水即成贡菜。

【产地】产于江苏睢宁、邳州和安徽涡阳县一带。

【产季】春秋两季。

【特征特点】贡菜颜色碧绿，鲜美清香，脆嫩爽口，久煮不软烂。

【烹饪应用】贡菜适宜凉拌、炒食、做汤、涮火锅等。

【品质鉴定】优质贡菜根条均匀，未霉烂，颜色碧绿，干燥。

【注意事项】须经浸泡后使用。

【储存方法】置于通风、阴凉、干燥处储存。

5. 笋干

笋干由各种斑竹、水竹及杂竹的嫩茎经加工干制而成。

贡菜

笋干

【产地】主要产于气候潮湿、温暖的南方。例如，福建、江西、湖南、浙江产有白笋干、笋衣干，湖南、安徽、云南、贵州、四川产有乌笋干、烟笋干，浙江产有天目笋干、羊尾笋干、毛尖笋干等，四川省的笋干主要产于峨边、马边等地。

【产季】春季。

【特征特点】笋干品种极多，颜色各异，营养丰富，质地脆嫩。

【烹饪应用】笋干适合用多种方法烹制，如烧、炒、烩等，也可制馅或作为配料等。

【品质鉴定】优质笋干体干质嫩，颜色鲜明有光泽，节密肉厚，无焦黑、碎断。

【注意事项】烹制前须用水泡发，并去掉老茎。

【储存方法】置于低温、干燥、通风处储存。

6. 雪魔芋

制作雪魔芋时，先将魔芋与大米一起磨细后制成水魔芋，再将其舀入预制的方盘内，待其冷却凝固后经雪压、风吹、日晒数月，干燥后即成雪魔芋。

【产地】四川峨眉山。

【产季】夏秋两季。

【特征特点】以水泡发后呈海绵状，或似小蜂窝状，有韧性，易吸汁，呈褐色。

【烹饪应用】雪魔芋常与鸡、鸭一起烧，成菜如“魔芋烧鸭”。

【品质鉴定】优质雪魔芋形态完整，呈均匀的蜂窝状或海绵状，干净无沙。

【注意事项】烹制前须用水先泡软。

【储存方法】置于低温、干燥、通风处储存。

雪魔芋

二、食用藻类干货原料

1. 石花菜

石花菜又名海冻菜、红丝、凤尾等，是红藻的一种。

【产地】产于渤海、黄海、东海沿岸地区。

【产季】一年四季。

【特征特点】石花菜通体透明，形如胶冻，口感滑爽、脆嫩，呈树枝状分枝，排列为羽状，形态美观。

【烹饪应用】石花菜既可拌菜，又可制成凉粉，还是制作琼脂的主要原料。

【品质鉴定】优质石花菜干燥无霉斑。

【注意事项】多用冷水浸软后，以沸水稍烫即可使用。不可久烫。

【储存方法】置于低温、通风、干燥处储存。

2. 干海带

海带又称江白菜，含有丰富的甘露醇、褐藻酸、碘等营养成分，能医治和防止甲状腺肿，降低胆固醇、血压、血脂等。干海带为海带的干制品。

石花菜

干海带

【产地】产于我国北部沿海地区及东南沿海地区。

【产季】盛产于夏季。

【特征特点】干海带叶子扁平呈带状，一般长 2 ~ 4 米，最长可达 7 米，呈深绿色或褐色。

【烹饪应用】干海带适宜炒、烧、拌、炖、煮、烩等。

【品质鉴定】优质干海带体大，尖端及边缘不白烂、黄化，无其他附着物。

【注意事项】干海带表面的白色粉末为甘露醇等营养成分，浸泡时水不宜过多，时间不宜过长，以免损失营养成分。

【储存方法】置于阴凉、通风、干燥处储存。

3. 紫菜

紫菜又称紫英、子菜、膜菜等。

【种类】有条斑紫菜、圆紫菜、坛紫菜、皱紫菜和长紫菜之分，北方以条斑紫菜为主，而南方则以坛紫菜为主。

【产地】主要产于山东、福建、浙江、广东等沿海地区。

【产季】一年四季。

【特征特点】紫菜通常加工成片状、卷筒状、饼状等干品，有特殊的海产鲜香，入口柔软滑嫩。

【烹饪应用】紫菜最适宜做汤，也可做包卷类菜肴，如包裹鱼虾肉泥成如意形、云形等，再经过烧、蒸、烩成菜。

【品质鉴定】优质紫菜表面有光泽，呈紫色或紫褐色，片薄而均匀，质嫩体轻，有紫菜的特殊香气，无泥沙等杂质。

【注意事项】食用前应先用水浸泡，并洗去泥沙等杂质。

【储存方法】紫菜易吸湿变质，应密封储存，并注意防虫。

紫菜

三、食用菌类干货原料

1. 木耳

木耳又称云耳、耳子等，是寄生在树木上的一种菌类，是四大素山珍之一，现多为人工栽培。

【种类】分为细木耳（黑木耳）和粗木耳（毛木耳）两种。

【产地】产于全国各地，四川和贵州产的最为有名。

【产季】产期较长，三至五月份产的为春耳，六至八月份产的为夏耳，九、十月份产的为秋耳。

【特征特点】木耳呈耳形、浅圆盘形或不规则形，为片状，褐色，胶质，半透明。细木耳子实体较薄，体轻，质地细腻，入口软糯，品质优良；粗木耳朵大而厚，质粗体重，入口脆硬，品质较差。

【烹饪应用】木耳适合用多种方法烹制，如烧、炒、烩、炖、拌等，调味可甜可咸。木耳也可作为汤或菜肴的配色原料等。木耳含胶质，有润肺、清肠胃的功能，还能降低血脂和胆固醇。

【品质鉴定】优质木耳朵面乌黑光润，朵背略呈灰白色，朵大均匀，体轻有弹性，涨发率高。

【注意事项】木耳涨发时要用清水泡透，洗净泥沙，择去杂质。

【储存方法】置于低温、干燥、通风处储存，要随时翻出晾晒。

干木耳

水发木耳

2. 银耳

银耳又称白木耳、雪耳等，寄生在半死或枯死的树上。

【种类】分为野生银耳和人工栽培的银耳。

【产地】主要产于福建、四川、贵州、湖北等地，四川通江银耳和福建漳州银耳最为著名。

【产季】每年的四至九月份采收，五至八月份为盛产期。

【特征特点】银耳的子实体呈纯白色或乳白色，为胶质，半透明，柔韧有弹性，由多数丛生瓣片组成花形。

【烹饪应用】银耳为传统的滋补品，中医认为其有润肺、止咳、生津、强身补气、养颜嫩肤的功效，并有抗肿瘤的作用。银耳在烹饪中多用于制作羹汤（多为甜味），也可炒、烩、熘制成菜。

【品质鉴定】优质银耳呈黄白色，朵大肉厚，气味清香，耳根小，涨发率高，胶质多。

【注意事项】银耳涨发时要用热水浸泡，洗净泥沙，择去杂质。

【储存方法】置于低温、干燥、通风、密闭处储存，要随时翻出晾晒。

3. 竹荪

竹荪又称竹参、竹菌、网沙菇，也被称为“真菌之花”，多作为高档宴席原料。

【种类】按菌裙长短分为长裙竹荪和短裙竹荪。

【产地】生长于潮湿竹林地区，主要产于西南地区，浙江、广东、广西也有出产。

【产季】夏季为采收期。

【特征特点】竹荪子实体幼时为卵球形，外有菌膜包被，呈白色至淡黄色。成熟时包被物打开，伸出笔杆状菌体，高 12 ~ 16 厘米，菌盖下有白色网状菌幕，下垂如裙。菌柄为白色，中空，呈海绵柱状，形状略似汽灯纱罩，整个菌体十分美丽。

银耳

竹荪

【烹饪应用】竹荪适于烧、炒、扒、焖等，尤其适合制作清汤菜肴，人们常利用其菌裙做工艺菜。

【品质鉴定】优质竹荪干且厚，形体完整，质柔软，有浓郁香味。

【注意事项】烹制前须用温水泡发，洗净泥沙。

【储存方法】置于低温、干燥、通风处储存，要随时翻出晾晒。

4. 猴头菇

猴头菇又称猴头菌、猴头蘑、刺猬菌等，原是一种生长在密林中的珍贵食用菌。其子实体圆而厚，常悬于树干上，布满针状菌刺，形状极似猴子的头，故而得名。

【产地】主要产于东北地区，黑龙江小兴安岭和完达山所产最多。

【产季】夏秋两季。

【特征特点】猴头菇子实体呈扁半球形或头状，有无数肉质软刺生长在狭窄或较短的柄部，初时为白色，后期为浅黄至褐色，质嫩滑，味鲜美可口。

【烹饪应用】猴头菇适合用多种方法烹制成菜，如烧、炒、烩等，可荤可素。

【品质鉴定】优质猴头菇形体完整，色金黄，身干，茸毛全。

【注意事项】使用前应涨发，宜用清水泡软，用砂锅或铝锅加水，微火煮软即可。

【储存方法】置于低温、干燥、通风处储存。

5. 牛肝菌

牛肝菌是牛肝菌科、松塔牛肝菌科真菌的总称，属优良野生食用菌。

猴头菇

牛肝菌

【种类】可食牛肝菌主要有白、黄、黑三种。白牛肝菌又叫大脚菌，常附于栎树和松树的树根形成菌根，尚未人工栽培成功。

【产地】主要产于云南，四川、贵州等地也有出产。

【产季】夏季单生或散生于林中地上。

【特征特点】牛肝菌体形较大，高可达 15 厘米。菌盖呈扁半球形，直径可达 16 厘米。菌柄粗壮，直径可达 4 厘米。根部膨大，直径可达 11 厘米。牛肝菌表面呈黄褐色或红褐色至深褐色。菌肉为白色，细软肥厚，为致密海绵状组织，口味微甜，有鲜香味，口感绵韧带泡。

【烹饪应用】牛肝菌适合用多种方法烹制成菜，可烧、炒、烩等，可荤可素。

【品质鉴定】优质牛肝菌个头大而肥厚。

【注意事项】烹制前应去除杂质。

【储存方法】置于低温、干燥、通风处储存。

6. 松露

松露是一种蕈类的总称，大约有 10 种不同的品种。它无法人工培育，产量稀少。

【产地】主要产于我国西南地区。

【产季】春季。

【特征特点】松露子实体为块状，小者如核桃，大者如拳头。幼时内部为白色，质地均匀，成熟后变成深黑色，具有颜色较浅的大脑状纹理。松露多生长在栎树下深达 30 厘米的钙质土壤中。

【烹饪应用】松露适合用多种方法烹制，如烧、炒、烩等，可荤可素。

【品质鉴定】优质松露个头大而肥厚。

【注意事项】烹制前应去除杂质。

【储存方法】置于低温、干燥、通风处储存。

7. 羊肚菌

羊肚菌又称羊肚子、羊肚菜，是一种食药两用真菌。

松露

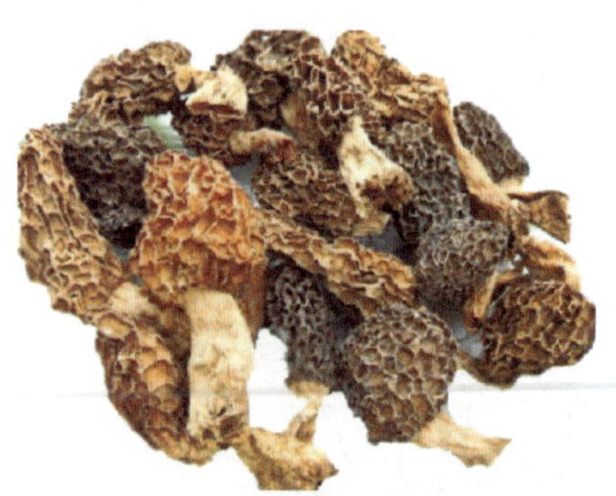

羊肚菌

【产地】主要产于云南、山西、青海、四川、甘肃、新疆等地。

【产季】夏秋两季。

【特征特点】羊肚菌子实体有明显的菌柄和菌盖。菌盖膨大呈圆球形，下端与菌柄相连，表面有明显的网状棱纹，凹陷部分近圆形或多角形，呈不规则蜂窝状。菌柄为白色，中空。

【烹饪应用】羊肚菌适于炒、烧、炖、烩、扒等，成菜味道鲜美。

【品质鉴定】优质羊肚菌形体完整，鲜嫩，无杂质，无异味。

【注意事项】烹制前应去除杂质。

【储存方法】置于低温、干燥、通风处储存。

四、食用药材类干货原料

1. 人参

人参又名人衔、土精、神草、地精、孩儿草等，由五加科植物人参的不定根加工而成。

【种类】分野山参和园参两种。

【产地】主要产于东北地区，吉林所产最多。

【产季】生长期为 6 年，九、十月份采收。

【特征特点】野山参表面呈淡白黄色，茎上部四面密生芦碗，下部有较长的圆芦；主根上有细密的螺纹，中下部较光滑。须根粗细均匀，软如皮条，不易折断，有较多的珍珠状小点。园参表面呈淡黄色，主根呈圆柱形，上部有断续的横纹。人参味甘性平，有补脾益肺、生津、安神益智的功效。

【烹饪应用】人参适于蒸、煨、炖、制馅等。

【品质鉴定】园参以身长、支大、芦长者为佳。野山参质最优，以支大、浆足、纹细、芦长、碗密、有圆芦及珍珠状小点者为佳。

野山参

园参

【注意事项】有热证、实证者忌服，忌与藜芦、五灵脂、皂荚、黑豆、紫石英、溲疏等同用，烹饪中忌用铁器。

【储存方法】置于低温、干燥、通风处储存。

2. 虫草

虫草又称冬虫夏草、冬虫草等，是麦角菌科的真菌（虫草菌）与蝙蝠蛾幼虫在特殊条件下形成的菌虫结合体。其子座出自幼虫的头部，单生，细长，形如棒球棍，长 4 ~ 11 厘米。

【产地】产于四川、青海、西藏、云南等地，西藏那曲所产的品质最好。

【产季】夏季。

【特征特点】干制的虫草外壳呈淡黄色，虫壳完整。有些品种腹面足明显，有虫形外壳，在虫的头部伸出菌体，看似虫的身上长出草。虫草味甘性温，可补虚损，益精气，止咳化痰。

【烹饪应用】虫草在烹饪中常与鸡、鸭一同蒸、炖，成菜如“虫草炖鸭”。

【品质鉴定】优质虫草形体完整，虫体丰满肥大，外观黄亮，内部色白，子座短。

【注意事项】虫草属于滋补品，使用时应该掌握好用量。

【储存方法】置于低温、通风、干燥处储存。

虫草

3. 黄芪

黄芪又名黄耆，由植物黄芪的根加工而成。

【产地】主要产于我国西北地区。

【产季】生长期为 6 年，九、十月份采收。

【特征特点】黄芪表面呈灰黄色或淡棕色，有纵沟。整体呈圆柱形，极少有分枝，上部短粗下端细，两端平坦，长 20 ~ 70 厘米，粗约 3 厘米。质硬略韧，味苦，嚼之有豆腥味。黄芪味甘，性微温，为补气诸药之首。

【烹饪应用】黄芪宜蒸、煨、炖、煮等。

【品质鉴定】优质黄芪干而大，呈淡黄或棕黄色，质地坚实有韧性。

【注意事项】阴虚阳盛者忌服。

【储存方法】置于低温、干燥、通风处储存。

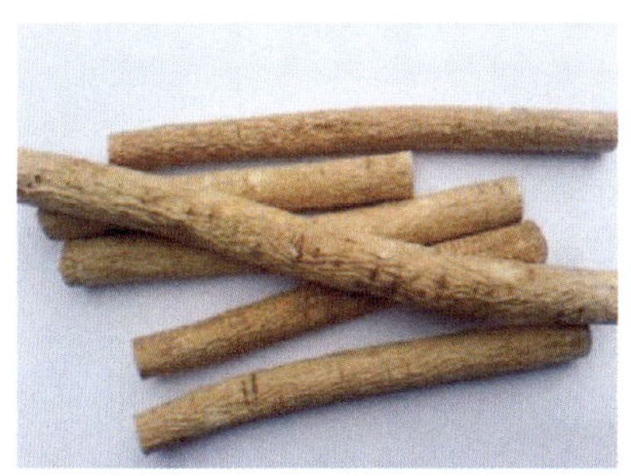

黄芪

4. 当归

当归又名干归，由植物当归的根加工而成，包括归头、归身、归尾三部分。

【产地】主要产于甘肃、云南、四川、陕西等地区。

【产季】种植 3 年后于秋末采收。

【特征特点】当归表面呈棕黄色或褐色，有不整齐的纵行皱纹及横长皮孔，全长约 15 厘米。归头直径 1.5 ~ 4 厘米，有紫色或黄绿色茎及叶梢的残基。归身表面凹凸不平，归尾直径 0.3 ~ 1 厘米，上粗下细。当归质柔韧，气味特殊，味甘，微苦辛，性温无毒。

【烹饪应用】当归在烹饪中多用于炖、蒸等。

【品质鉴定】优质当归身长根大，支根少，断面呈黄白色，气味浓厚。

【注意事项】湿阻中满及大便溏泄者慎用。

【储存方法】置于低温、干燥、通风处储存。

5. 贝母

贝母又称虫亡、药实、勤母等，由卷叶贝母、乌花贝母、梭砂贝母等的鳞茎干制而成。

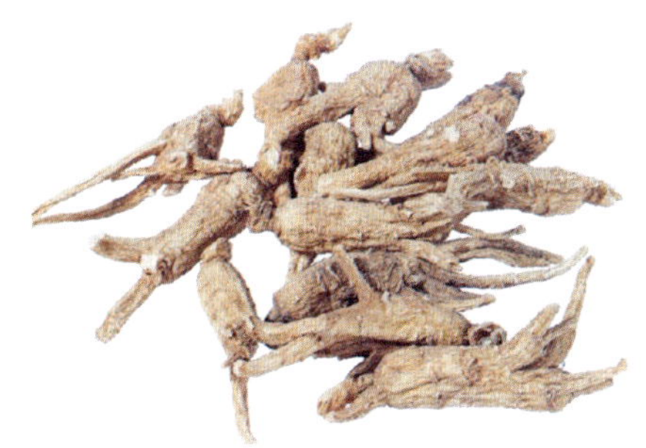

当归

贝母

【产地】主要产于四川、云南、青海、浙江等地。

【产季】夏季。

【特征特点】贝母体呈圆锥形，顶端尖或微尖，直径 4 ～ 12 毫米，表面为白色或淡黄色，质硬而脆，断面为白色，呈颗粒状。贝母味苦、甘，性凉，有润肺散结、止咳化痰的功效。

【烹饪应用】贝母在烹饪中多用于炖、煨、蒸等。

【品质鉴定】优质贝母色洁白，质坚实，颗粒均匀，粉性强。

【注意事项】脾胃虚寒及有湿痰者慎用。

【储存方法】置于低温、干燥、通风处储存。

6. 苡仁

苡仁又名薏米、薏仁、苡米等，由植物薏苡的种仁加工而成。

【产地】产于我国多数地区，主要产于福建、河北、辽宁等地。

【产季】秋季。

【特征特点】苡仁呈球形或椭球形，基部较宽而略平，顶端钝圆，表面为白色或黄白色，光滑，有不明显的纵纹，质地坚硬，有粉性。苡仁味甘、淡，性凉，有健脾补肺、清热利湿的功效。

【烹饪应用】苡仁在烹饪中多作为菜肴辅料，也可用来熬粥。

【品质鉴定】优质苡仁粒大饱满，色白，完整。

【注意事项】脾弱便难者及孕妇慎用。

【储存方法】置于低温、干燥、通风处储存。

7. 枸杞

枸杞又名杞子、红耳坠、枸杞子等，由植物枸杞的成熟果实加工而成。

【种类】分为西枸杞和津枸杞两种。

【产地】主要产于宁夏。

【产季】夏秋两季。

苡仁

枸杞

【特征特点】西枸杞呈椭圆形或纺锤形，略扁；表面为鲜红色或暗红色，具有不规则的皱纹，略有光泽；肉质柔润，味甜。津枸杞呈椭圆形或圆柱形，两端略尖；表面为鲜红色，有不规则皱纹，无光泽；质柔软而略滋润，味甜。枸杞味甜、性平，具有滋肾、润肺、补肝、明目的功效。

【烹饪应用】枸杞在烹饪中多用于炖、蒸、煨等。

【品质鉴定】宁夏所产枸杞为上品，它色红粒大，有光泽。

【注意事项】烹制前要先洗去泥沙，择去杂质。

【储存方法】置于低温、干燥、通风处储存。

思考与练习

1. 举例说明干货类原料的类型。
2. 简述干货类原料的品质鉴定标准及储存方法。
3. 玉兰片分为几种？品质如何鉴定？
4. 食用药材类干货原料主要包括哪些品种？
5. 干菜类原料有什么特点？主要包括哪些品种？
6. 虫草在烹饪中一般如何使用？
7. 四大素山珍指的是哪四种原料？
8. 调查当地农贸市场，了解各种干货类原料的价格、品质，写出调查报告。

第八章 调辅料类原料

学习目标

1. 掌握调辅料在烹饪中的应用。
2. 掌握各类调辅料的品质鉴定标准与储存方法。
3. 了解并掌握各类调辅料的特性，熟练运用各种调料和辅助原料。

调辅料类原料分为调料和辅助原料两部分。调料一词是烹饪行业和商品流通领域的一个惯用名词，又称作料。目前，调料的范围缺乏严格统一的界定，有时专指具有芳香味和辛辣味的原料，有时仅指调制口味料，有时还包括淀粉、油脂等。本书将具有芳香味和辛辣味的原料，以及可调制菜肴和食品口味的原料统归为调料讲解。辅助原料指烹调时使菜肴原料成熟的传热介质及可保持菜肴特色的一类原料。

第一节　调料

我国的调料种类繁多，有天然的和人工合成的，有动物、植物和微生物等多种来源，有固态、液态、半固态等多种形态。按照调料在菜肴形成过程中的主要作用不同，可将其分为调味料、调香料、调色料和调质料四大类，如下图所示。

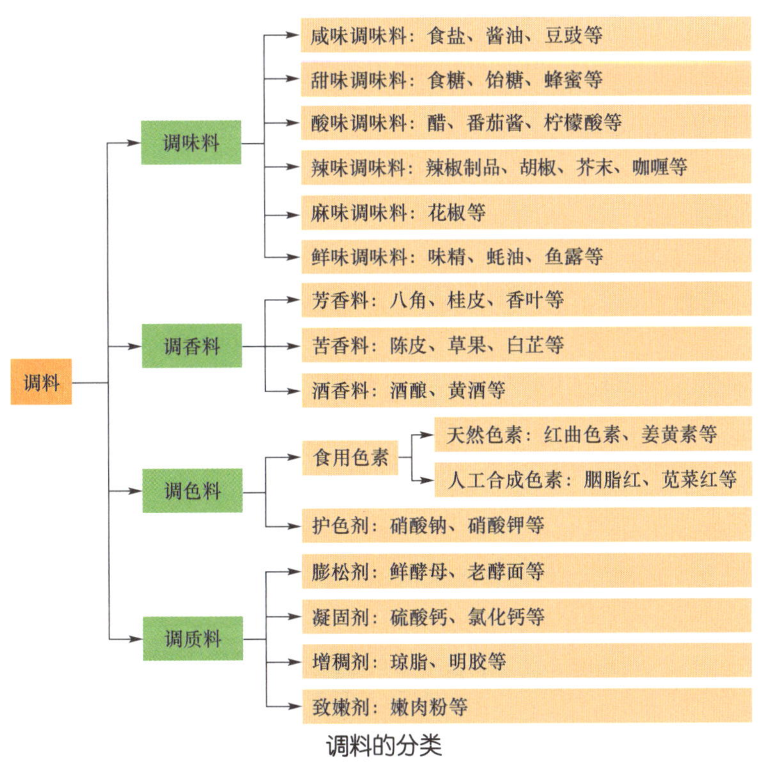

调料的分类

一、调味料

调味料又称调味品，指在烹调过程中主要用于调和食物口味的一类原料。调味料在烹调中的作用包括：为本身不显味的原料赋予滋味；确定菜肴味道，去除原料异味；增强菜肴色泽，增加菜肴营养；消毒杀菌，延长原料储存期；增食欲，促消化。

调味料大致可分为咸味调味料、甜味调味料、酸味调味料、辣味调味料、麻味调味料和鲜味调味料六大类。

1. 咸味调味料

（1）食盐

食盐又称餐桌盐，是烹饪中最常用的调味料。盐的主要化学成分是氯化钠，其在食盐中的含量为 99%。部分地区出产的食盐中加入了氯化钾，以降低氯化钠的含量，降低高血压的发生率。同时，世界大部分地区的食盐都通过添加碘来预防碘缺乏病，添加了碘的食盐称为碘盐。

食盐的咸味纯正，咸度适中。烹调中最常用的是精盐，它呈粉末状，含杂质极少，呈白色，易溶解，比粗盐淡，最适合为菜肴调味。

【产地】产于全国各地，沿海一带海盐的产量最高，四川的井盐质量最佳。

【产季】一年四季。

【烹饪应用】食盐是产生咸味的主要物质，具有提鲜味、增本味的作用。离开食盐的调味，原料的本味和鲜味就不能充分体现出来。在制作泥、茸或做馅、和面时，加入适量的盐，能吸水“上劲”，增强泥、茸的黏性和面团的韧性。食盐还具有防腐杀菌的作用。食盐也可以作为传热介质，用于对一些原料进行加热或对半成品进行加工。食盐还可以调节原料的质感，提高其脆嫩度。

【品质鉴定】优质食盐颜色洁白，晶体小，疏松，无结块，咸味纯正，无苦涩味。

【注意事项】烹制菜肴时应注意盐的投放时间。制汤时盐不宜早放，因为盐与蛋白质会发生反应，使肌肉蛋白凝固而不易溶于汤中，使汤不鲜、味道不浓厚；炒制叶菜类和茎菜类蔬菜时，盐宜早放，因盐会使原料中的水分溢出，便于滋味渗透。烹调时用盐必须适量，过量不仅影响菜肴口味，而且不利于人体健康。

【储存方法】气调储存，置于干燥、通风处储存。

（2）酱油

酱油又称酱汁、清酱，是以大豆、面粉、麸皮等为主要原料，经微生物、酸或其他催化剂的水解生成多种氨基酸及各种糖类，并以这些物质为基础，再经过复杂的生物化学变化合成的具有特殊色泽、香气、滋味和形态的调味液。

【种类】一般分为生抽和老抽两种。生抽较淡，用于提鲜；老抽较咸，用于提色。

【产地】产于全国各地。

食盐

酱油

【产季】一年四季。

【烹饪应用】酱油是烹调中仅次于食盐的咸味调味料，可代替食盐起确定咸味、增加鲜味的作用，对菜肴具有增色、增香、除腥解腻的作用。

【品质鉴定】优质酱油呈红褐色，香气浓郁，无沉淀物，滋味鲜美纯正。

【注意事项】烹调时应根据菜肴的要求合理使用酱油。长时间加热烹调的菜肴不宜使用酱油着色，因为酱油加热过久会变黑，影响菜肴色泽。

【储存方法】气调储存，置于干燥、通风处储存。

（3）酱

酱是以豆类、面粉、米等为主要原料，采用曲制法或酶制法加工而成的一类调味料。其生产工艺与酱油相似。

【种类】根据加工用料不同，酱可分为黄豆酱、面酱和蚕豆酱三种。

【产地】产于全国各地。

【产季】一年四季。

【烹饪应用】酱可以改善原料色泽和口味，增加菜肴的酱香味。酱可以用来码味、调味和蘸食。

【品质鉴定】黄豆酱以橙黄色、光亮、酱香浓郁、咸淡适口、味略甜者为佳。面酱以红褐色、有光泽、味醇厚、鲜甜者为佳。蚕豆酱以红褐色或棕褐色、有光泽、酱香味浓郁、咸淡适口、味鲜醇厚者为佳。

【注意事项】烹调时应根据菜肴的要求，掌握好酱的用量及酱对不同菜肴色泽、味道、干稀度的影响。

各种酱

【储存方法】气调储存，置于干燥、通风处储存。

（4）豆豉

豆豉是将豆类（加少量面粉拌和）加特殊菌种发酵制成的一类颗粒状调味料。

【产地】产于全国各地。

【产季】一年四季。

【烹饪应用】豆豉多用于炒、爆、烧、焖、拌制菜肴等，主要起提鲜、增香的作用。

【品质鉴定】优质豆豉呈黄黑色，鲜香浓郁，咸淡适口，油润质干，颗粒饱满，中心无白点，无霉变异味和泥沙味。

【注意事项】烹调时应注意豆豉用量，防止压抑菜肴主味。

【储存方法】气调储存，注意防潮防霉。豆豉吸湿性强，宜装于清洁的器皿中，封口后存放于干燥、凉爽处储存，也可加入适量食盐、白酒和香料储存。

豆豉

2. 甜味调味料

（1）食糖

食糖是烹调中应用最为广泛的甜味调味料。

【种类】根据外形和色泽不同，分为白砂糖、绵白糖、赤砂糖、土红糖、冰糖、方糖等。

【产地】主要产于广东、广西、福建、台湾、内蒙古及东北地区。

【产季】一年四季。

白砂糖

绵白糖

赤砂糖

土红糖

冰糖

方糖

【特征特点】白砂糖是烹调中最常用的甜味剂，蔗糖含量达 99% 以上，纯度高，色白明亮，晶粒整齐，水分、杂质和还原糖含量较低。绵白糖晶粒细小、均匀，颜色洁白，质地绵软、细腻，甜度高于白砂糖，入口即化。赤砂糖颜色较深，呈赤红色、赤褐色或黄褐色，有糖蜜味，有时还有焦苦味。土红糖颜色深，结晶颗粒小，易潮解，味浓，纯度较低，水分、还原糖、非糖杂质含量都较高。冰糖是白砂糖的再制品，因形似冰块，故名冰糖。方糖纯净洁白，有光泽，块形整齐，大小一致，溶解速度快。

【烹饪应用】食糖主要用于调制菜肴的甜味，也是制作糕点的重要原料，还可制成糖色以增加菜肴色泽。在腌制品中使用食糖可减轻加盐脱水所致的老韧，保持肉类制品软嫩，防止板结，还可用于挂霜和拔丝类菜肴的制作。

【品质鉴定】优质食糖色泽明亮，质干味甜，晶粒均匀，无杂质，不返潮，不黏手，无结块，无异味。

【注意事项】在烹调中应掌握好用量。在炒制糖色时应掌握好火候，若炒制过久会发苦。

【储存方法】气调储存。防潮、防高温，置于干燥、凉爽处储存。

（2）饴糖

饴糖又称麦芽糖、糖稀，是一种稠糊状调味料。它以粮食类淀粉为主要原料，先进行液化，再利用麦芽中的酶使原料中的淀粉糖化，最后经浓缩、过滤制成。

饴糖

【产地】产于全国各地。

【产季】一年四季。

【特征特点】饴糖有软、硬之分。软的为黄褐色浓稠液体，黏性很强，硬的则呈黄白色。饴糖甜味纯，洁净无杂质，无酸味。

【烹饪应用】饴糖主要用于面点及烧烤类菜肴的制作，可使成熟点心松软、不易发硬，使菜肴色泽红亮。

【品质鉴定】优质饴糖颜色鲜明，浓稠味纯，洁净无杂质，无酸味。

【注意事项】使用时应掌握好温度、加热时间及用量，以满足菜肴质量要求。

【储存方法】气调储存。防高温，防潮，防鼠蚁。

（3）蜂蜜

蜂蜜是用蜜蜂采集的花蜜酿成的一种甜而有黏性、透明或半透明的胶状液体。

蜂蜜

【种类】蜂蜜根据花蜜来源不同而分为多个品种，其颜色、香味也各有不同。常见的蜂蜜种类有油菜花蜜、槐花蜜、向日葵花蜜等。

【产地】产于全国各地。

【产季】一年四季。

【特征特点】蜂蜜通常为黏稠的透明或半透明胶状液体，呈黄白色，水分含量低，有的在较低温度下会凝成固体。

【烹饪应用】蜂蜜主要用来代替食糖调味，具有调味、增白等作用。

【品质鉴定】优质蜂蜜呈黄白色，半透明，水分少，味纯正，无杂质，无酸味。

【注意事项】蜂蜜具有很强的吸湿性和黏着性，烹调时应注意用量，防止用量过多而造成制品吸水变软，相互粘连。同时，要掌握好加热时间和温度，防止制品发硬或焦煳。

【储存方法】气调储存。防潮，防高温，防蚊虫。

3. 酸味调味料

（1）醋

醋是我国各大菜系中传统的调味料，是采用粮食、水果、酒类等含有淀粉、糖类、乙醇的原料，经微生物发酵酿造而成的一种酸味液体调味料。中国著名的醋有山西老陈醋、山西保宁醋、镇江香醋、天津独流老醋、河南老鳖一特醋及红曲米醋、原香醋等。

醋

【种类】醋主要有香醋、熏醋、米醋、陈醋、白醋、果醋等种类。

【产地】产于全国各地，以山西、四川、福建、江苏、浙江等地所产为佳。

【产季】一年四季。

【特征特点】醋的主要成分是醋酸，主要营养成分是氨基酸、乳酸、多种有机酸及多种矿物质。

【烹饪应用】醋在烹调中运用极为广泛，主要起除腥、解腻、增鲜、加香、添酸等作用，是许多复合味型的重要调料。

【品质鉴定】优质香醋呈深褐色，有光泽，香味芬芳，口味酸而微甜；优质熏醋色黑，挥发性酸味少，入口酸而柔和；优质米醋香气纯正，口味酸而醇和，色透明，略带鲜甜味；优质糟醋呈深褐色，有光泽，香气浓，口味酸而微甜。

【注意事项】醋不耐高温，易挥发，因此在烹调时应注意加入的时间和顺序，以保证菜肴的风味和复合味口感的充分体现。

【储存方法】气调储存，置于阴凉干燥处储存。

（2）番茄酱

番茄酱是鲜番茄的酱状浓缩制品，将成熟红番茄破碎、打浆、去除皮和籽等粗硬物质后，再经浓缩、装罐、杀菌而成。番茄酱是增色、添酸、助鲜、赋香的调味佳品。

【产地】产于全国各地。

【产季】一年四季。

番茄酱

【特征特点】番茄酱呈鲜红色，有番茄的特有风味，是一种富有特色的调味料。

【烹饪应用】主要用于调制酸甜味浓的复合型味道的菜肴。

【品质鉴定】优质番茄酱色红亮，味纯正，质细腻，无杂质。

【注意事项】烹调时应注意用量，宜先用温油炒香出色，防止压抑主味。

【储存方法】气调储存，置于阴凉干燥处储存，防潮。

（3）柠檬酸

柠檬酸又名枸橼酸，是一种重要的有机酸。

【产地】产于全国各地。

【产季】一年四季。

【特征特点】柠檬酸为无色半透明晶体，有的为白色颗粒或白色结晶状粉末。

【烹饪应用】柠檬酸主要起保色、增香、添酸等作用，可使菜肴产生特殊风味。

柠檬酸

【品质鉴定】优质柠檬酸无臭，易溶于水，味极酸。

【注意事项】烹调时应注意用量，宜用水溶解后再进行调味。

【储存方法】气调储存，置于干燥、通风、阴凉处储存。

4. 辣味调味料

（1）辣椒制品

用辣椒制作的调味料主要有干辣椒、辣椒面、辣椒油、泡辣椒等。

【产地】产于四川、云南、贵州、湖南、山东、陕西等地区。

【产季】秋冬两季。

【烹饪应用】干辣椒在烹调中应用广泛，具有去腥、压异、增香、提辣、解腻的作用，主要用于炒、烧、煮、炖、炝、涮制菜肴。辣椒面在烹调中应用也很广泛，功用同干辣椒，是制作辣椒油的主要原料。泡辣椒是调制鱼香味型的重要原料之一，多用于烧、炒、蒸、拌制菜肴。

干辣椒　　辣椒面

辣椒油　　泡辣椒

【品质鉴定】优质干辣椒呈紫红色，油光晶亮，皮肉肥厚，体干籽少，辣中带香，不霉烂。优质辣椒面色红，质细，籽少，香辣。优质泡辣椒色红亮，滋润柔软，肉厚籽少，味道咸鲜，兼带香辣，体完整，不霉烂。

【注意事项】烹调时应注意投放的时间、加热时间及油温的掌握，以保持辣椒的味道和鲜艳色泽。

【储存方法】气调储存，防潮，置于干燥、阴凉处储存。

（2）胡椒

胡椒又称大川。

【种类】分黑胡椒和白胡椒两种。待胡椒果穗基部的果实开始变红时，剪下果穗，用沸水浸泡至皮色发黑，再晒干或烘干，即成黑胡椒。在全果实均已变红时将其采收，用水浸泡数天，擦去外果皮并晒干，使其表面成灰白色，即成白胡椒。

【产地】产于华南、西南地区。

【产季】秋冬两季。

【烹饪应用】胡椒通常加工研磨成粉末状后使用，在烹调中主要起提味、增鲜、合味、增香、除异味等作用。

【品质鉴定】优质黑胡椒粒大饱满，色黑，皮皱，气味强烈。优质白胡椒个头大，粒圆，坚实，色白，气味强烈。

【注意事项】烹调时应注意用量及加入时间等。

【储存方法】气调储存，防潮，置于阴凉处储存。

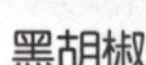
黑胡椒

白胡椒

（3）芥末

芥末又称芥末粉，是用芥子研成的粉末。芥末中含有芥子苷，可在芥子酶的作用下分解生成葡萄糖和芥子油。

【种类】分为黑芥末和白芥末两种。

【产地】产于全国各地，主要产于河南、安徽。

【产季】秋冬两季。

【烹饪应用】芥末是调制芥末味型的重要调味料，多用于凉菜的制作，主要起提味、刺激食欲的作用。

【品质鉴定】优质芥末含油多，辣味足，有香气，无异味，未霉变。

【注意事项】烹调中应注意用量，烹调时加入醋可除其苦味，也可加入少许植物油，以增进香味。

【储存方法】气调储存，防潮，置于阴凉干燥处储存。

黑芥子　白芥子

（4）咖喱

咖喱源于印度，是由 20 多种香辛料制成的一种调味料，主要配料有胡椒、辣椒、生姜、肉桂、肉豆蔻、小茴香、芫荽籽、甘草、橘皮、姜黄等。制作时，将各种香辛料干燥粉碎后混合或粉碎后焙炒，然后贮放一段时间即可。

【产地】产于全国各地。

【产季】一年四季。

【特征特点】咖喱呈粉末状，味辛辣、微甜，呈黄色或黄褐色。

【烹饪应用】咖喱多用于制作烧制类菜肴，具有提辣增香、去腥合味、增进食欲的作用。

【品质鉴定】优质咖喱呈深黄色，粉质细腻，松散不结块，无杂质，无异味。

【注意事项】烹调时应注意投放时间及用量。

【储存方法】气调储存，防潮，置于阴凉干燥处储存。

5. 麻味调味料

麻味调味料主要是花椒。花椒又称大椒、川椒，为植物花椒的果皮或果实的干制品。

咖喱　　花椒

【产地】产于全国各地，主要产于河北、山西、陕西、四川、河南等地。

【产季】秋冬两季。

【烹饪应用】花椒主要用于加工、腌渍各种原料，也用于炒、炝、拌、卤、烧制菜肴，具有去异味、增香、赋麻味、杀虫、刺激食欲、增加菜肴风味等作用。

【品质鉴定】优质花椒色泽光亮，皮细而均匀，味香而麻，干燥籽少，无苦味、臭味，无杂质。

【注意事项】烹调时应掌握投放时间及用量。

【储存方法】气调储存，防潮，置于阴凉干燥处储存。

6. 鲜味调味料

（1）味精

味精又称味素，是以小麦、大豆或淀粉为原料，使用水解法或发酵法制成的一种调味料。

【产地】产于全国各地。

【产季】一年四季。

【特征特点】味精为白色粉末或晶体，易溶于水，吸湿性强，主要成分是谷氨酸钠。

【烹饪应用】味精具有强烈的鲜味，在烹调中的主要作用是增鲜提味，在使用时必须与咸味调料配合才能体现出其鲜味。

【品质鉴定】优质味精为白色晶体或白色粉末。

【注意事项】烹调中应注意用量、投放时间及温度，最适宜的使用浓度为 0.2% ~ 0.5%，最适宜的溶解温度为 70 ~ 90 ℃，最适宜的投放时间为菜肴成熟出锅前。

【储存方法】气调储存，置于干燥、阴凉、通风处储存。

（2）蚝油

蚝油是用鲜牡蛎加工干制时的汤浓缩制成的一种浓稠的液体调味料。

味精

蚝油

【产地】产于广东。

【产季】一年四季。

【特征特点】蚝油含有鲜牡蛎肉浸出物中的各种呈味物质，具有浓郁的鲜味。

【烹饪应用】蚝油可作为鲜味调料和调色料使用，也可作为菜肴的蘸料使用。

【品质鉴定】优质蚝油呈棕黑色，汁稠滋润，鲜味浓郁，无异味，无杂质。

【注意事项】烹调中应注意用量、温度及投放时间。

【储存方法】气调储存，防潮、防高温。

（3）鱼露

鱼露又称鱼酱油、水产酱油，是一种主要利用三角鱼、七星鱼、糠虾等水产品的废弃物加工制成的液体调味料。其加工方法一般有酶解法、酸解法和煮制法三种。

【产地】产于福建、广东、浙江、广西等地。

【产季】一年四季。

【烹饪应用】鱼露的作用与酱油相似，主要用于菜肴的鲜味调兑或兑制鲜汤，可作为汤料，也可作为蘸料使用。鱼露适于煎、炒、蒸、炖、拌制类菜肴的调味。

【品质鉴定】因加工方式不同，各种鱼露质量有差异。用酶解法制成的鱼露质量最好，用酸解法制成的鱼露质量次之。

【注意事项】烹调中应注意用量及投放时间。

【储存方法】气调储存，防高温、防潮。

鱼露

二、调香料

调香料是指用于调配菜肴香味的原料。调香料有除异味、增香味和刺激食欲的作用。调香料大致可分为芳香料、苦香料和酒香料三大类。

1. 芳香料

芳香料是香味的主要来源，广泛存在于植物的花、果、籽、皮及其制品中。芳香料含有挥发油，芳香浓郁，味道纯正，在烹调中起压异味、增香味的作用。常用的有八角、桂皮、小茴香、丁香、孜然、香叶、百里香等。

（1）八角

八角又称大茴香、大料，为植物八角茴香的果实，为我国特有香料。

【产地】主要产于我国西南及两广地区。

【产季】每年八、九月份或二、三月份成熟上市。

【特征特点】八角由 6 ~ 13 个小果集成聚合果，呈放射状排列，中轴下有一钩状弯曲的果柄。

【烹饪应用】八角适于炸、烧、卤、酱制菜肴，可除原料的腥膻异味，增添芳香气味，并可调剂口味，增进食欲。

【品质鉴定】优质八角个头大而均匀，呈棕红色，鲜艳有光，香气浓郁，完整干燥，果实饱满，未霉烂、无杂质。

【注意事项】要防止选用假八角。假八角又名莽草果，小果瘦长且多无柄，尖端

弯曲明显，闻之有樟脑味或松枝味，舌舔有刺激性酸味。其毒性较大，可造成食物中毒。烹调中应注意八角的用量及投放时间。

【储存方法】气调储存，置于干燥、通风、阴凉处储存。

（2）桂皮

桂皮是将天竺桂、细叶香桂、川桂、阴香等植物的树皮处理干燥后制成的卷状调香料。

八角

桂皮

【产地】产于福建、山东、广西、湖北、江苏、浙江、四川等地。

【产季】秋冬两季。

【烹饪应用】桂皮适于卤、酱、烧、扒制菜肴，主要起压异味、增香味的作用。

【品质鉴定】优质桂皮皮细肉厚，表面呈灰棕色，内面呈暗红棕色，香气浓，无虫蛀，未霉烂。

【注意事项】在烹制前应用刀拍碎、清洗干净才能使用。

【储存方法】气调储存，置于干燥、通风处储存。

（3）小茴香

小茴香又称谷茴香，为植物茴香的果实。

【产地】主要产于山西、甘肃、辽宁、内蒙古等地区。

【产季】每年九、十月份成熟。

【特征特点】果实干燥，呈小柱状，两端稍尖，外表呈黄绿色。

【烹饪应用】小茴香多用于卤、酱、烧制菜肴及面食的调味，主要起增香味、压异味的作用。

【品质鉴定】优质小茴香颗粒均匀，干燥饱满，呈黄绿色，气味香浓，无杂质。

【注意事项】烹调时应将小茴香用洁净的

小茴香

布包起来，以免其黏附在原料上影响菜肴美观。

【储存方法】气调储存，保持干燥，防潮。

（4）丁香

丁香又称丁子香，以植物丁香的花蕾为原料，待其由青色转为鲜红色时采集并晒干制成。

【产地】主要产于广东、广西。

【产季】每年十月份至次年三月份间。

【特征特点】丁香略呈棒状，质坚实且重，用指甲掐断面有油渗出。

【烹饪应用】丁香常用于卤、酱、蒸、烧、炸制菜肴，起增香味、压异味的作用。

【品质鉴定】优质丁香有浓厚芳香，个头大而均匀，粗壮干燥，呈棕红色，无异味，无杂质。

【注意事项】烹调时用量不宜太大，否则会影响菜肴的正常风味。

【储存方法】气调储存，置于干燥、通风处储存。

（5）孜然

孜然又称安息茴香、藏茴香。

丁香

孜然

【产地】产于新疆南部。

【产季】九、十月份。

【特征特点】孜然形似小茴香，长约 3 毫米，宽约 2 毫米，弯曲一端稍尖，呈黄绿色或暗褐色。

【烹饪应用】孜然是一种特殊的调香料，在烹调中可除异味、增香味、解羊肉膻味，多用于羊肉菜肴的制作。

【品质鉴定】优质孜然有浓郁芳香，个头大而均匀，呈黄绿色，无异味，无杂质。

【注意事项】应先加工成粉再使用，并注意用量不宜太多，以保证菜肴风味为宜。

【储存方法】气调储存，防潮，保持干燥。

(6)香叶

香叶又称桂叶、月桂叶，为植物月桂的叶。

【产地】主要产于广西、浙江、江苏、福建、四川等地。

【产季】每年十月至次年三月。

【特征特点】香叶呈长椭圆形，边缘呈波形，顶端尖锐，为薄革质，具有独特香味。

【烹饪应用】香叶是烹调中常见的芳香料之一，多用于卤、酱类菜肴的制作或作为罐头食品的调香剂。

【品质鉴定】优质香叶有浓郁芳香，叶片干燥，呈黄绿色，无异味，无杂质。

【注意事项】烹调时应用纱布将其包起来，以免黏附在原料上，影响菜肴美观。

【储存方法】气调储存，置于干燥、通风处储存。

(7)百里香

百里香又称五助百里香、山胡椒，其茎和叶子干制后加工成粉末可做芳香料。

香叶

百里香

【产地】产于山东、辽宁、河北等地。

【产季】秋季。

【烹饪应用】百里香干叶和花在烹调中多用于鱼类、肉类及汤类菜肴的调味，有除腥、增香的作用。

【品质鉴定】干制品为绿褐色，有独特的香味和麻舌的口味，略带甜味，芳香味强烈。

【注意事项】烹调中应注意用量。

【储存方法】气调储存，置于干燥、通风处储存。

2. 苦香料

苦香料是一种含有生物碱等苦味成分和挥发性芳香物的调香料。常用的苦香料有陈皮、肉豆蔻、草豆蔻、草果等。

(1)陈皮

陈皮又称橘皮，由福橘等多种橘类的果皮或柑类、甜橙的果皮干制而成。

【产地】产于全国各地。

【产季】每年十月至次年三月。

【特征特点】陈皮多呈椭圆形片状或不规则状，片厚 1 ~ 2 厘米，通常向内卷曲，外表呈橘红色至棕色，内表面为淡黄白色。

【烹饪应用】陈皮味苦而芳香，既可入药，又可作为调料。烹调中多用于炖、烧、炸、炒、卤制类荤菜的调味，主要起除腥膻、增香提味的作用。

【品质鉴定】优质陈皮皮薄片大，色红油润，体干，未霉烂，香气浓郁。

【注意事项】使用前应先用热水浸泡，使其苦味水解，待陈皮回软、香味外溢时再使用。也可使用陈皮粉。

【储存方法】气调储存，置于干燥、通风、阴凉处储存。

（2）肉豆蔻

肉豆蔻又称肉果、玉果，为植物肉豆蔻的种仁。

陈皮

肉豆蔻

【产地】产于广东，国外主要产于马来西亚及印度尼西亚。

【产季】秋冬两季。

【特征特点】外表为灰棕色至棕色，呈卵圆形、球形或椭圆形，长 2 ~ 3.5 厘米，宽约 2 厘米，外表有网状沟纹。

【烹饪应用】肉豆蔻多用于卤、酱、蒸、烧类菜肴的除异增香。

【品质鉴定】优质肉豆蔻个头大，质地坚实，香味浓郁。

【注意事项】肉豆蔻常与其他香料配合使用，用量不宜过大，否则菜肴苦味较重。

【储存方法】气调储存，置于干燥、通风处储存。

（3）草豆蔻

草豆蔻又称漏蔻、弯子，为姜科植物草豆蔻的种子。

【产地】主要产于广东、广西等地。

【产季】秋冬两季。

【特征特点】草豆蔻呈圆形或椭圆形，直径 1.5 ~ 2.5 厘米，表面呈灰白色或棕灰色，中间由白色隔膜分成数瓣。

【烹饪应用】与肉豆蔻相同。

【品质鉴定】优质草豆蔻颗粒均匀，饱满坚实，气味芳香。

【注意事项】与肉豆蔻基本相似。

【储存方法】气调储存，置于干燥、通风处储存。

(4)草果

草果是植物草果的果实。

草豆蔻

草果

【产地】主要产于云南、广西、贵州等地。

【产季】秋冬两季。

【特征特点】草果呈卵圆形，长 2 ~ 4 厘米，直径 1 ~ 2.5 厘米，顶端不开裂，熟时呈紫红色，干制后为褐色，果实内有 8 ~ 11 粒种子。

【烹饪应用】草果常用于制作复合调味料，如复合酱油，也用于制作卤、烧类菜肴，以增香味、压异味。

【品质鉴定】优质草果个头大而饱满，色棕红，质干，香气浓。

【注意事项】烹调中应注意用量。

【储存方法】气调储存，置于干燥、通风处储存。

(5)荜拨

荜拨又称鼠尾、补丫，为植物荜拨的干燥果穗。

【产地】产于云南、贵州、广西等地。

【产季】秋冬两季。

【特征特点】形状细长，由多个细小的瘦果聚集而成，排列紧密整齐，形成交错的小突起，呈紫色，形似桑葚。

【烹饪应用】荜拨多用于卤、烧、烩制类菜肴的调味，具有调味、增香、除异味的作用。

【品质鉴定】优质荜拨饱满均匀，质干，香味浓郁，宜久存。

【注意事项】烹调中应注意用量及投放时间。

【储存方法】气调储存，置于干燥、通风处储存。

（6）白芷

白芷又称香白芷、香芷，是将植物兴安白芷、川白芷、杭白芷的根部去杂质、洗净、晒干后切片制成。

荜拨

白芷

【产地】主要产于四川省、杭州市。

【产季】秋冬两季。

【烹饪应用】白芷主要用于卤、酱、烧制类菜肴的调味，用量较少。

【品质鉴定】优质白芷根部饱满洁净，无杂质，香味浓郁。

【注意事项】烹调时用量要少，用量若多会影响菜肴口感。

【储存方法】气调储存，置于干燥、通风处储存。

3. 酒香料

酒香料是含有乙醇的一类调香料。酒香料中的乙醇可加快原料中不良气味的挥发，使其更容易散发出来。同时，可利用这种酒香料本身含有的香气成分来增香。常用的酒香料有黄酒、白酒、葡萄酒、酒酿、香糟等。

（1）黄酒

黄酒又称料酒、绍酒，是以大米或黍米为原料，通过特定的加工工艺，在酒药、酒曲（麦曲或红曲）和浆水中的多种霉菌、酵母和细菌的共同作用下，采用糖化、发酵、压榨、杀菌等工艺制成的一种低度酒。

【产地】产于全国各地，绍兴产的黄酒最为著名。

【产季】一年四季。

【烹饪应用】黄酒在烹调中应用较广，既适用于原料加工时的腌渍、码味，又可在菜肴的烹制中起去腥膻、解腻味、增香味及帮助各种味道渗透的作用，还具有一定的杀菌消毒作用。

黄酒

【品质鉴定】优质黄酒颜色橙黄，清澈透明，香气浓郁，味道醇厚，酒精度低。

【注意事项】应在菜肴加热过程中加入，用量不宜过多，以不影响菜肴口感、尝不出酒味为宜。

【储存方法】气调储存，置于阴凉、干燥、通风处储存。

（2）白酒

白酒是以高粱、玉米、大麦、糯米等含淀粉的谷物或含糖分的植物为原料，通过特定的加工工艺，在酒药（小曲）、麦曲或麸曲（纯种霉菌）等糖化发酵剂中所含的多种霉菌、酵母和细菌的共同作用下，采用糖化、发酵、蒸馏等工艺制成的一类酒。

白酒

【产地】产于全国各地，以四川、山西、贵州等地所产较为著名。

【产季】一年四季。

【烹饪应用】白酒主要用于对腥膻味较重的原料的加工，可除异味，还可用于一些风味菜肴的制作。

【品质鉴定】优质白酒清澈透明，味道醇厚，香气浓郁，无杂质，回味甘甜。

【注意事项】白酒的乙醇含量较高，易破坏菜肴风味，烹调时应注意用量。

【储存方法】气调储存，置于干燥、阴凉处储存。

（3）葡萄酒

葡萄酒是以鲜葡萄和葡萄原汁为主要原料，利用葡萄表皮的天然酵母或放入纯种酵母，采用发酵、蒸馏等工艺制成的一种酿造酒，其酒精度一般在 14° 以下。

葡萄酒

【产地】主要产于山东、河北、河南、陕西等地，国外以法国所产最为著名。

【产季】一年四季。

【烹饪应用】葡萄酒在烹饪中具有增酒香、除腥膻、增色泽的作用。

【品质鉴定】优质葡萄酒清澈，味道醇厚，香气浓郁。

【注意事项】烹调时应注意用量及投放时间。

【储存方法】气调储存，置于干燥、阴凉处储存。

（4）酒酿

酒酿又称淋饭酒，是以糯米为原料，经蒸煮后拌入酒曲，再经发酵制成的一种渣汁混合的特殊食品。

【产地】产于全国各地。

【产季】一年四季。

【烹饪应用】酒酿除可直接食用外，也可作为调料使用，还可用于烧制菜、甜品菜、糟菜及风味小吃的制作，主要起增香、合味、去腥、除异、提鲜、解腻等作用。

【品质鉴定】优质酒酿色白质稠，香甜适口，无酸苦味，无杂质。

【注意事项】烹调中应注意用量及投放时间。

【储存方法】气调储存，置于干燥、通风、阴凉处密封储存。

（5）香糟

香糟又称酒膏，是用制作黄酒时余下的残渣加工制作而成的渣汁混合物。

酒酿

香糟

【产地】产于全国各地，以福建所产较为著名。

【产季】一年四季。

【烹饪应用】香糟风味独特，在烹饪中主要起去腥、增香、生味的作用，适于制作炝、煎、醉、爆制类菜肴。

【品质鉴定】优质香糟色泽红艳，具有增色的作用。

【注意事项】烹调时应注意用量。

【储存方法】气调储存，置于阴凉、干燥处储存。

三、调色料

调色料是指在菜肴制作过程中主要用来调配菜肴色彩的一类原料。调色料包括食

用色素和护色剂两大类。

1. 食用色素

（1）天然色素

天然色素是指从自然界中提取的色素，多为植物色素，也有动物色素和微生物色素。烹调中常用的有红曲色素、紫胶红、姜黄素、叶绿素铜钠盐、焦糖色等。

1）红曲色素。红曲色素是红曲霉菌产生的色素，主要包括红曲黄色素和红曲红。

【产地】产于福建、广东，以福建古田所产最为著名。

【产季】一年四季。

【特征特点】红曲色素为针状晶体，耐高温，耐光热，不溶于水，可溶于有机溶剂，色泽鲜艳，有光泽，不易变色，较稳定，对蛋白质染着性好。

【烹饪应用】红曲色素多用于肉类菜肴及肉类加工制品的着色。

【品质鉴定】优质红曲色素透红，质酥，无虫蛀，无异味。

【注意事项】烹调时应注意用量。

【储存方法】气调储存，置于干燥、阴凉处储存。

2）紫胶红。紫胶红是紫胶虫在某些植物上所分泌的紫胶原胶中的色素。

【产地】产于云南、四川等地。

【产季】一年四季。

【特征特点】紫胶红为红色粉末，可溶于水。

【烹饪应用】紫胶红可用于果子露、糖果、青红丝等食品的着色。

【品质鉴定】紫胶红在水中溶解度越小，则纯度越高。

【注意事项】烹调时应注意用量。

【储存方法】气调储存，置于干燥、通风处储存。

3）姜黄素。姜黄素是由植物姜黄的根茎中提取的黄色色素。

红曲红

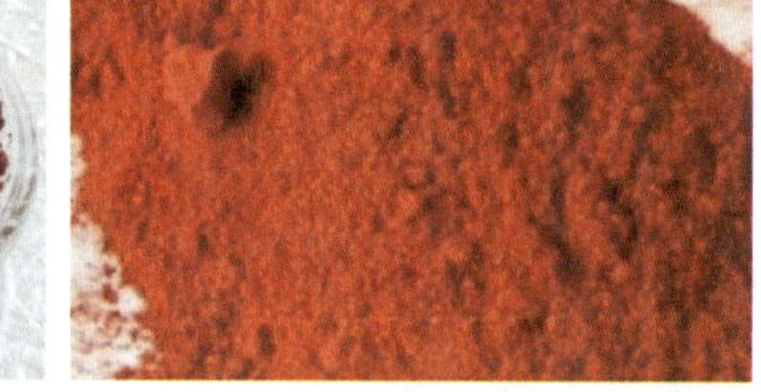
紫胶红

姜黄素

【产地】产于全国各地。

【产季】一年四季。

【烹饪应用】姜黄的根茎磨成粉末即为姜黄粉，它具有辛辣气味并呈黄色，是配制咖喱的主要原料之一，也可用于一些食品的增香和着色。

【品质鉴定】姜黄素纯品为橙黄色粉末，有胡椒的芳香，味稍苦，不溶于冷水，溶于乙醇、丙二醇，易溶于冰水、醋酸和碱性溶液，在碱性溶液中呈红褐色，在中性、酸性溶液中呈黄色。

【注意事项】烹调时应注意用量。

【储存方法】气调储存，置于干燥、通风处储存。

4）叶绿素铜钠盐。叶绿素铜钠盐是以绿色植物或干燥蚕沙为原料，用乙醇或丙酮等提取其叶绿素，再使之与硫酸铜或氯化铜发生反应，由铜取代叶绿素中的镁，最后用苛性钠溶液皂化，制成的膏状物或粉末。

【产地】产于全国各地。

【产季】一年四季。

【烹饪应用】叶绿素铜钠盐一般作为菜肴绿色色素使用，主要起增色或点缀的作用。

【品质鉴定】优质叶绿素铜钠盐呈墨绿色，有金属光泽，有氨味，易溶于水，稍溶于乙醇和氯仿。其溶液呈绿色，透明无沉淀。

【注意事项】烹调时应注意用量。

【储存方法】气调储存，置于干燥、通风处储存。

5）焦糖色。焦糖色是将白糖加热焦化后加入适量清水制成。

叶绿素铜钠盐

焦糖色

【种类】有不加铵盐的和加铵盐的两种。

【烹饪应用】焦糖色广泛使用于需较长时间烹调加工的菜肴，可使菜肴色泽红润光亮、风味别致。

【品质鉴定】优质焦糖色呈红褐色或黑褐色，耐高温，不易变质，易失水凝固，味略甘、微苦，有轻微焦味。

【注意事项】烹调时应掌握好用量。

【储存方法】气调储存，置于阴凉、干燥处储存。

（2）人工合成色素

人工合成色素指用人工合成的方法制作的食用色素，其颜色一般较天然色素鲜艳，较为坚实，性质稳定，可取得任意色调，成本较低廉，使用方便。常用的人工合成色素有胭脂红、苋菜红、柠檬黄、靛蓝等。

1）胭脂红。胭脂红是常用的食用色素。

【产地】产于全国各地。

【产季】一年四季。

【特征特点】胭脂红为红色至深红色粉末，无味，其水溶液呈红色。胭脂红溶于甘油，微溶于乙醇，不溶于油脂。

【烹饪应用】胭脂红在烹饪中一般有混合与涂刷两种使用方法，使用量较少，常用于菜肴的着色、点缀，使菜肴的色泽红亮、艳丽。

【品质鉴定】优质胭脂红为深红色粉末，无杂质，无臭，细腻。

【注意事项】烹调时应用水调制后使用，用量要少，不得超过规定的使用标准，具体参见《食品卫生国家标准　食品添加剂使用标准》（GB 2760—2014）。

【储存方法】气调储存，保持干燥，防潮。

2）苋菜红。苋菜红是常用的食用色素。

胭脂红

苋菜红

【产地】产于全国各地。

【产季】一年四季。

【特征特点】苋菜红为紫红色粉末，无臭，其 0.01% 的水溶液呈玫瑰红色。苋菜红可溶于甘油及丙二醇，微溶于乙醇，不溶于油脂。

【烹饪应用】苋菜红在烹饪中一般有混合与涂刷两种使用方法，多用于面点制作。

【品质鉴定】优质苋菜红为均匀的紫红色粉末，无臭。

【注意事项】烹调时应注意用量，不得超过规定的使用标准。

【储存方法】气调储存，置于干燥、通风处储存。

3）柠檬黄。柠檬黄是常用的食用色素。

【产地】产于全国各地。

【产季】一年四季。

【特征特点】柠檬黄为橙黄色粉末，无臭，其 0.1% 的水溶液呈黄色。柠檬黄溶于甘油、丙二醇，微溶于乙醇，不溶于油脂。

【烹饪应用】柠檬黄既可单独使用，增加菜肴中黄色的纯度和亮度，也可与其他色素配合运用，表现各种不同的色彩。

【品质鉴定】优质柠檬黄为均匀的橙黄色粉末，无臭，无杂质。

【注意事项】烹调时应注意用量，不得超过规定的使用标准。

【储存方法】气调储存，置于干燥处储存，防潮。

4）靛蓝。靛蓝又称酸性蓝。

柠檬黄

靛蓝

【产地】产于全国各地。

【产季】一年四季。

【特征特点】靛蓝为蓝色粉末，无臭，在水中的溶解度较其他人工合成色素低，其 0.05% 的水溶液呈蓝色。

【烹饪应用】靛蓝较少单独使用，常与其他色素配合使用，在烹饪中主要用于增加菜肴的色彩。

【品质鉴定】优质靛蓝为均匀的蓝色粉末，无杂质，无臭，手感细腻。

【注意事项】烹调时应注意用量，不得超过规定的使用标准。

【储存方法】气调储存，置于干燥处储存，防潮。

2. 护色剂

护色剂通常是指在制作肉制品及肉类菜肴时，为了使肉呈鲜艳的红色而加入的可食用的添加剂，主要有硝酸钠、硝酸钾、亚硝酸钠等。

（1）硝酸钠

硝酸钠是常用的护色剂。

【产地】产于全国各地。

【产季】一年四季。

【特征特点】硝酸钠为白色晶体，味咸且稍苦，有潮解性。

【烹饪应用】硝酸钠主要用于肉类的腌制及肉类制品的加工。

【品质鉴定】优质硝酸钠为白色晶体，无杂质，味咸，稍苦。

【注意事项】烹调时应注意用量，不能超过规定的使用标准。

【储存方法】气调储存。硝酸钠属危险品，与有机物等接触后即可着火燃烧或爆炸，要注意防火，密封储存。

（2）硝酸钾

硝酸钾又称土硝、硝石、火硝。

【产地】产于全国各地。

【产季】一年四季。

【特征特点】硝酸钾为无色透明晶体或白色结晶状粉末，无臭，味咸，稍有吸湿性，易溶于水，微溶于乙醇。

【烹饪应用】硝酸钾主要用于肉类的腌制，可代替硝酸钠作为混合盐的成分之一。

【品质鉴定】优质硝酸钾为无色透明晶体或白色结晶状粉末，无臭，味咸。

【注意事项】烹调时应先加水制成硝水使用，不能超过规定的使用标准。

【储存方法】气调储存。储存时要注意防火，密闭储存。

四、调质料

调质料通常是指在菜肴制作过程中用来改善菜肴质地和形态的一类调料，主要包括膨松剂、凝固剂、增稠剂和致嫩剂四大类。

1. 膨松剂

膨松剂又称疏松剂，通常在面点制作中使用。常用的膨松剂有碳酸氢钠、碳酸氢铵、碳酸钠、鲜酵母、老酵面等。

（1）碳酸氢钠

碳酸氢钠是常用的膨松剂，又称小苏打。

【产地】产于全国各地。

【产季】一年四季。

【特征特点】碳酸氢钠为白色结晶状粉末，无臭，稍咸。在潮湿空气中即缓慢分解，产生二氧化碳。

【烹饪应用】碳酸氢钠多用于糕点及部分菜肴的制作。

【品质鉴定】优质碳酸氢钠为白色结晶状粉末，无臭，无杂质，味稍咸。

【注意事项】应按实际需要适量添加。其分解后会残留碳酸钠，若使用不当会使面点表面呈现黄色斑点。

【储存方法】气调储存，置于干燥、通风处储存。

（2）**碳酸氢铵**

碳酸氢铵又称碳铵、臭粉。

【产地】产于全国各地。

【产季】一年四季。

【特征特点】碳酸氢铵为白色结晶状粉末，有氨臭气味，稍有吸湿性，易溶于水。

【烹饪应用】碳酸氢铵主要用于面点和部分菜肴的制作，主要起促进原料膨松、柔嫩等作用。

【品质鉴定】优质碳酸氢铵为白色结晶状粉末，有氨臭气味，无杂质。

【注意事项】应视加工需要适量添加。

【储存方法】气调储存，置于干燥处储存，防潮。

（3）**碳酸钠**

碳酸钠又称纯碱、苏打。

【产地】产于全国各地。

【产季】一年四季。

【特征特点】碳酸钠为白色细粒或粉末，无臭，有碱味，易溶于水。

【烹饪应用】碳酸钠可用于原料加工处理，如鱿鱼干、墨鱼干等的涨发，可促进干货原料最大限度地吸收水分，同时也广泛用于面团的发酵，起酸碱中和的作用。

【品质鉴定】优质碳酸钠为白色细粒或粉末，无臭，有碱味，无杂质。

【注意事项】使用时应注意添加量，在菜点中所占比例一般不超过 0.5% ~ 1%，以免造成菜点的不良口味。

【储存方法】气调储存，置于干燥处储存，防潮。

（4）**鲜酵母**

鲜酵母又称压榨酵母，是用未经干燥处理的新鲜面包酵母加工制作而成的固态制品。活性干酵母是将鲜酵母在低温条件下脱水干制而成的淡黄色颗粒物，其用法与鲜酵母相似。

【产地】产于全国各地。

【产季】一年四季。

【烹饪应用】鲜酵母常用于制作各类发酵制品。

【品质鉴定】正常的鲜酵母呈乳白色或淡黄色，具有酵母的特殊味道，无腐败气味，不发黏，无其他杂质。

【注意事项】鲜酵母的使用量一般为面粉的 0.5% ~ 1%，使用时应先用 30 ℃的温水将其化开，制成酵母液，再和入面团。

【储存方法】气调储存，置于干燥处储存，防潮。

（5）老酵面

老酵面又称发面、面肥，是将含有酵母的面团放在保持适宜温度、湿度的环境中，形成的一种含乙醇和二氧化碳并带有酵母的面团。

【产地】产于全国各地。

【产季】一年四季。

【烹饪应用】老酵面适于制作各类发面食品，如馒头、包子、花卷等。

【品质鉴定】优质老酵面杂菌少，活性强。

【注意事项】老酵面含有杂菌，在发酵的同时常伴有酸的产生，故应加入少量食用碱以中和酸味。

【储存方法】气调储存，防止霉变。

2. 凝固剂

凝固剂通常是指促进食物中蛋白质凝固的添加剂，一般用于豆制品的加工制作。

（1）硫酸钙

硫酸钙又称石膏。

【产地】产于全国各地。

【产季】一年四季。

【烹饪应用】硫酸钙作为豆制品的凝固剂被广泛使用，一般只适用于制作豆腐。

【品质鉴定】优质硫酸钙为白色晶体，无臭，有涩味。

【注意事项】其使用量的多少取决于气温、浆温及原料的新鲜程度等因素。

【储存方法】气调储存，置于干燥处储存。

（2）氯化钙

氯化钙为常用的凝固剂。

【产地】产于全国各地。

【产季】一年四季。

【烹饪应用】氯化钙溶液可保持果蔬的脆性，起保色作用，还是制作豆腐凝固剂的原料。

【品质鉴定】优质氯化钙为白色、坚硬的碎块或颗粒，无臭，无杂质。

【注意事项】在制作豆腐时，1 升豆浆中氯化钙的最大使用量为 20 ~ 30 克。

【储存方法】气调储存，密封，保持干燥。

3. 增稠剂

增稠剂是可增加食品黏度，赋予食品以黏滑、适口感觉的一类添加剂。

（1）琼脂

琼脂又称洋粉、冻粉，由石花菜及同属的其他红藻（如江篱等）加工干制而成。

【产地】产于我国沿海，海南所产较佳。

【产季】一年四季。

【烹饪应用】琼脂多用于制作甜点、冷饮，也可用于胶冻类菜肴的制作。

【品质鉴定】优质琼脂质地柔韧，洁白，半透明，纯净干燥，无杂质。

【注意事项】琼脂吸水性和持水性强，加热煮沸时变为溶胶，冷却到 45 ℃以下即凝固。应根据面点、菜肴的质量要求掌握好稀稠度。

【储存方法】气调储存，置于干燥处储存。

（2）明胶

明胶是从动物的皮、骨、韧带、肌腱中提取的高分子化合物。

【产地】产于全国各地。

【产季】一年四季。

【烹饪应用】明胶可用于一些工艺菜肴的制作，也可用于糕点的制作。

【品质鉴定】优质明胶为白色或微黄色、半透明、微带光泽的薄片或粉粒，无挥发性，无特别气味。

【注意事项】明胶与酸或碱同时加热则凝胶性丧失。

【储存方法】气调储存。

（3）果胶

果胶是一种多糖类物质，存在于水果、蔬菜及其他一些植物中。

【产地】产于全国各地。

【产季】一年四季。

【烹饪应用】果胶可用于果酱、果冻、糖果、巧克力等食品的加工，也是冷饮食品的稳定剂。

【品质鉴定】优质果胶为黄色或白色粉末，易溶于水，溶于 20 倍的水则成黏稠的液体。

【注意事项】果胶不溶于乙醇等有机物。

【储存方法】气调储存，保持干燥，密封储存。

4. 致嫩剂

致嫩剂通常是指可使肉类肌纤维嫩化的一类添加剂，如嫩肉粉。嫩肉粉的主要成分是木瓜蛋白酶。木瓜蛋白酶是存在于木瓜中的蛋白酶，常用乙醇沉淀法从木瓜中提取，其耐热性较强，可在 50 ~ 60 ℃时使用。

【产地】产于全国各地。

【产季】一年四季。

【烹饪应用】致嫩剂一般用于肉类菜肴及肉制品烹调前的嫩化，可使菜肴具有软嫩滑爽的特点。

【品质鉴定】应在保质期内使用。

【注意事项】注意密封。

【储存方法】气调储存、真空储存。

第二节　辅助原料

辅助原料指在菜肴制作中，除主料、配料及调料之外的一类原料。辅助原料包括食用油脂、水和淀粉三类。

一、食用油脂

食用油脂是指供人类食用的以甘油酯为主并含有其他成分的混合物。一般将常温下呈液态的称为油，呈固态的称为脂。

食用油脂按原料来源不同可分为植物油（如大豆油、花生油）、动物油（如鸡油、牛油）和改性油脂（如人造奶油）。

1. 食用油脂在烹饪中的作用

食用油脂在烹饪中是良好的传热介质，也是菜肴的重要辅料，可增加菜肴色泽和口感，对原料有保色、造型和增加质感的作用，对菜肴有保温作用，也常用于干货原料的涨发。

2. 常用食用油脂

（1）食用植物油

食用植物油主要从植物的种子和果实中提取，常温下通常呈液态。食用植物油按原料来源不同可分为大豆油、花生油、菜籽油、葵花籽油、玉米油、芝麻油、椰子油等。按加工情况不同，也可分为粗制油（又称毛油）、精炼油、色拉油、硬化油等。

1）大豆油。大豆油是用大豆的种子经过压榨加工制成的植物油脂，营养价值较高。

【种类】根据加工方法不同分为冷压大豆油和热压大豆油。

【产地】主要产于东北地区。

【产季】一年四季，秋季盛产。

【特征特点】冷压大豆油色泽较浅，生豆味淡，出油率低；热压大豆油出油率高，但色泽较深，生豆味浓。

【烹饪应用】大豆油在烹饪中应用广泛，在制作炒、爆、炝、炸、煎、熘等类菜肴时常作为辅助原料，并可用于干货原料的涨发、半成品的加工等。大豆油可代替猪油用来制作菜肴。

【品质鉴定】优质大豆油呈淡黄色，生豆味淡，油液清亮，不浑浊，无异味。

【注意事项】烹调时应掌握用量，以免影响菜肴口感。

【储存方法】密封、避光储存。

2）花生油。花生油是用落花生的种子加工榨出的植物油脂，营养价值较高，是较好的食用油脂。

【种类】按加工方法不同可分为冷压花生油和热压花生油。

【产地】产于华东、华北地区。

【产季】每年一月至次年三月。

【特征特点】冷压花生油为浅黄色，气味和滋味均好；热压花生油为橙黄色，有炒花生的香味。

【烹饪应用】与大豆油相同。

【品质鉴定】优质花生油透明清亮，呈浅黄色，气味芬芳，无水分、杂质，不浑浊，无异味。

【注意事项】与大豆油相同。

【储存方法】密封、避光储存。

3）菜籽油。菜籽油又称菜油，是用油菜籽加工压榨制成的植物油脂，具有菜籽的特殊气味。

【产地】主要产于长江中下游地区及西南、西北地区。

【产季】每年三至十月。

【特征特点】菜籽油略带涩味，营养价值一般。普通菜籽油呈深黄色，其粗制品为深褐色，精制品呈金黄色。

【烹饪应用】与大豆油相同。

【品质鉴定】优质菜籽油色泽黄亮，气味芳香，油液清澈不浑浊，无异味。

【注意事项】由于菜籽油色泽黄亮，所以在制作白色菜肴时不宜使用，以免影响菜肴色泽。

【储存方法】密封、避光储存，保持清洁。存放时避免使用金属或塑料容器。

4）葵花籽油。葵花籽油用向日葵的种子经压榨加工而成，是近年来被人们认识和广泛使用的一种食用油脂。

【产地】产于全国各地，以华东、华北一带所产为佳。

【产季】秋冬两季。

【特征特点】葵花籽油中亚油酸含量高，熔点低，营养物质含量较多，易被人体吸收。

【烹饪应用】与大豆油基本相同。

【品质鉴定】优质葵花籽油颜色淡，清澈明亮，味道芳香，无酸败异味。

【注意事项】与大豆油相同。

【储存方法】与菜籽油相同。

5）芝麻油。芝麻油又称麻油、香油，是用芝麻的种子加工榨出的植物油脂，因有特殊香味，故称香油。

【种类】按加工方法不同可分为冷压麻油、大槽麻油和小磨麻油三种。

【产地】主要产于河南、湖北。

【产季】秋季。

【特征特点】冷压麻油无香味，色泽金黄；大槽麻油为土法冷压麻油，用生芝麻制成，香气不浓，不宜生吃；小磨麻油用传统工艺提取，具有浓郁的特殊香味，呈红褐色。

【烹饪应用】芝麻油常作为调香料使用，主要起去腥、增香、合味及滋润菜肴等作用。

【品质鉴定】优质芝麻油色泽光亮，香味浓郁，无水分，无杂质，不涩，不浑浊。

【注意事项】烹调时用量要少，应遵循“少而香，多而伤”的原则。

【储存方法】密封、避光储存。

（2）食用动物油

食用动物油通常是指从动物组织中提取的油脂，一般呈固态或半固态。常见的食用动物油有猪油、牛油、羊油、鸡油、鸭油等。

1）猪油。猪油又称大油，是从猪的脂肪组织中提炼出来的。

【特征特点】常温下为固态，颜色洁白。

【烹饪应用】猪油广泛用于采用各种烹调技法制作的菜肴和酥点制品，还用作传热介质，也用于干料涨发。未炼制的猪板油经加工后可制作面点的特殊馅心或特殊菜肴。完好的猪网油可包裹原料，制作叉烧、清蒸类菜肴。

【品质鉴定】优质猪油呈液态时透明清澈，呈固态时色白质软，明净无杂质，香而无异味。

【注意事项】要根据烹调用途合理掌握用量。

【储存方法】密封、避光储存。

2）鸡油。鸡油是用鸡的脂肪组织提炼的油脂。

【特征特点】常温下为半固态，色泽金黄。

【烹饪应用】鸡油是烹调中常用的辅助原料，常用以突出菜肴中的特殊风味，且有增加滋味、调和色彩的作用。

【品质鉴定】优质鸡油色泽金黄，鲜香味浓，水分少，无杂质，无异味。

【注意事项】烹调时应注意掌握好用量。

【储存方法】密封、避光储存。

二、水

水（食用淡水）是人体不可缺少的物质，烹饪中也离不开水。水在烹饪中有以下作用：

1. 水是烹饪中最常用的传热介质

在烹饪中，许多原料的加工和制作都是用水来传热加温，有时也需要加入少量冷水以降低菜肴的温度，而不需将锅移开火源。许多烹制方法（如煮、氽、涮、焖、卤、炖、煨、烩等）和原料的初步熟处理（焯水、水煮、汽蒸）都选用水作为传热介质。原料一般用水煮 13 ~ 15 分钟即可熟烂，且营养成分损失少，便于人体消化吸收。气态水（即蒸汽）也可以作为传热介质。用水作为传热介质不仅可以加热原料，改变原料组织结构，使原料软嫩酥烂和入味等，还可以长时间保持温度，利于菜肴成熟。

2. 水是烹饪中最主要的溶剂

水能溶解原料中的多种营养成分并与许多物质形成水合物。烹调中的调味、制汤就是利用了水所具有的良好溶解能力，把原料中的呈味物质溶解或渗透到水中，制成美味的鲜汤并表现菜肴口味。但是，水也容易造成原料中某些成分的损失。因此，在烹饪加工过程中应注意对原料中营养成分的保护，例如，清洗蔬菜时必须先洗后切；焯水时必须水量大，用沸水焯原料，焯水时间要短。

3. 水对菜肴质量有重要影响

原料的质地、色泽和菜肴的口味是构成菜肴质量的重要因素，而水在其中起着不可忽视的作用。菜肴的老嫩程度不仅取决于其含水量，还取决于外部水分的补充状况。水对菜肴色泽的影响也很大。菜肴的含水量与其口味的关系极为密切，因此食物中的呈味物质只有溶解在食物的水中或口腔的唾液里，才能呈现出美味。

4. 水具有杀菌、防腐能力

水还是所有干料涨发的基础，油发、碱发、盐发干料都离不开水分。因为水是一种低渗液体，可向高渗溶液中扩散，并随温度的升高增大渗透压，使原料充分吸水膨胀，从而达到制作菜肴的要求。

三、淀粉

淀粉又称芡粉，是植物根、茎、果实的提取物，属于多糖类，一般为粉末状的干制品。

【种类】按其加工所用原料不同，可分为豌豆粉、马铃薯粉、甘薯粉、木薯粉、绿豆粉、菱粉、玉米粉等。

【特征特点】豌豆粉是用豌豆的种子加工而成的淀粉。它颜色洁白，质地细腻，无异味，杂质少，黏性强，膨胀性好，为淀粉中的上品。

马铃薯粉即土豆粉，由马铃薯的块茎加工而成。它颜色洁白，有光泽，粉质细，黏性较强，膨胀性一般，为淀粉中的上品。

甘薯粉又称山芋粉、红薯粉，由山芋的块根加工而成。它颜色灰暗，杂质较多，膨胀性一般，味道较差，为淀粉中的下品。

木薯粉又称生粉、树薯粉，由木薯的块根加工而成，主要产于我国南方，是广东、福建等地主要的淀粉原料。它质地细腻，颜色雪白，黏性强，膨胀性极好，杂质少。木薯粉含有氢氰酸，不宜生食。

绿豆粉是用绿豆的种子加工而成的淀粉。它颜色洁白，质地细腻，无异味，杂质少，黏性强，膨胀性好，为淀粉中的上品。

菱粉是用菱角加工而成的淀粉，是淀粉中质量最好的。菱粉呈粉末状，颜色洁白且有光泽，细腻而光滑，黏性强，但吸水性差，产量也很少。

【烹饪应用】淀粉在烹饪中应用极为广泛，它可提高菜肴的持水能力，保持原料的水分、质感和温度，突出菜肴柔软、滑嫩和酥脆爽口的特点。淀粉在烹饪中常用于原料的上浆、挂糊及菜肴的勾芡，也可用于制作茸、泥、丸等，还可以用于原料的粘裹及定型，同时也是面食加工制作中不可缺少的拍粉材料。

【品质鉴定】优质淀粉色洁白，有光泽，吸水性强，膨胀性好，黏性强。

【注意事项】烹调时应掌握好用量及投放时间。由于淀粉吸湿性较强，因此储存时应置于干燥通风处，必须注意防潮、防霉。

【储存方法】置于干燥、通风处密封储存。

思考与练习

1. 简述调料的分类并分别举例。
2. 简述食用油脂在烹饪中的作用。
3. 举例说明水在烹饪中的作用。
4. 列举 5 种常用芳香料并分别说明其在烹饪中的应用。
5. 食盐在烹饪中有何作用？

附录　常见烹饪原料中英文对照

（按中文名音序排列）

中文	英文
螯虾	cambarus
八角	star anise
白果	ginkgo seed
白酒	Chinese liquor
白芷	dahurian angelica root
百合	lily bulb
百里香	thyme
板鸭	salted duck
鲍鱼	abalone
鲍鱼干	dried abalone
贝母	fritillaria
荸荠	Chinese water chestnut
荜拨	long pepper
鳊鱼	bream
扁豆	purple haricot
菠菜	spinach
菠萝	pineapple
菜花	cauliflower
菜薹	flowering Chinese cabbage
蚕豆	broad bean
草豆蔻	katsumada galangal seed
草菇	straw mushroom
草果	fruit of caoguo

中文	英文
草莓	strawberry
草莓酱	strawberry jam
草鱼	grass carp
鲳鱼	pomfret
陈皮	dried tangerine peel
蛏干	dried razor clam
橙	orange
赤豆	red bean
椿芽	Chinese toon
莼菜	water-shield
慈姑	Chinese arrowhead
葱	scallion
醋	vinegar
大豆	soybean
大麻哈鱼	salmon
大麦	barley
大蒜	garlic
带鱼	hairtail
淡菜	dried mussels
当归	Chinese angelica
刀豆	sword bean
地瓜	sweet potato
鲽	plaice

中文	英文	中文	英文
丁香	clove	海蜇干	dried jellyfish
冬瓜	wax gourd	蚝豉	dried oyster
冬寒菜	Chinese mallow	蚝油	oyster sauce
豆豉	fermented soybean	核桃	walnut
豆腐	beancurd	红肠	sausage
豆腐皮（腐竹）	skin of soybean milk	红枣	Chinese jujubes
豆芽	bean sprout	胡椒	pepper
对虾	prawn	胡萝卜	carrot
鹅	goose	花椒	prickly ash
番木瓜	papaya	花生	peanut
番茄	tomato	黄瓜	cucumber
番茄酱	ketchup	黄花菜	daylily
粉丝	vermicelli	黄酒	Chinese rice wine
风鸡	dry-cured chicken	黄芪	milkvetch root
蜂蜜	honey	黄鳝	swamp eel
甘蓝	cabbage	黄鱼	yellow croaker
甘薯	sweet potato	鳇鱼	beluga
干贝	dried scallop adductor	茴香	fennel
高粱	sorghum	火鸡	turkey
枸杞	barbary wolfberry fruit	火龙果	dragon fruit
瓜条	candied wax gourd	火腿	Chinese ham
桂皮	cinnamon	鸡肉	chicken
桂圆干	dried longan	荠菜	shepherd's purse
哈尔滨红肠	Harbin sausage	鲫鱼	crucian carp
哈密瓜	Hami melon	姜	ginger
蛤蜊	clam	豇豆	cowpea
海参	sea cucumber	酱	sauce
海带	kelp	酱油	soy sauce
海螺	conch	茭白	water bamboo
海鳗	sea eel	芥末	mustard

中文	英文
茎芥菜	stem mustard
韭菜	Chinese chive
橘	orange
橘饼	candied orange
蕨菜干	dried wild brake
咖喱	curry
开心果	pistachio
苦瓜	bitter gourd
腊肠	Chinese sausage
腊肉	Chinese bacon
辣椒	chili
莱豆	lima bean
蓝莓	blueberry
梨	pear
李子	plum
鲤鱼	carp
荔枝	lychee
荔枝干	dried lychee
栗子	chestnut
莲子	lotus seed
鲢鱼	silver carp
炼乳	condensed milk
龙虾	lobster
龙眼	longan
芦笋	asparagus
鲈鱼	perch
鹿筋	tendon of beef
萝卜	turnip
绿豆	mung bean
马铃薯	potato

中文	英文
鳗鱼	eel
芒果	mango
猕猴桃	kiwi fruit
米线	rice noodle
蜜枣	candied date
面包渣	breadcrumbs
面粉	flour
面筋	gluten
蘑菇	mushroom
墨鱼干	dried cuttlefish
牡蛎	oyster
木耳	woodear
木薯	cassava
奶油	cream
南瓜	pumpkin
泥鳅	loach
柠檬	lemon
柠檬酸	citric acid
牛鞭	ox’s penis
牛奶	milk
牛肉	beef
糯米	glutinous rice
藕	lotus root
泡菜	pickle
皮蛋	preserved egg
枇杷	loquat
苤蓝	kohlrabi
苹果	apple
葡萄	grape
葡萄干	raisin

中文	英文	中文	英文
葡萄酒	wine	兔肉	rabbit
荞麦	buckwheat	驼峰	hump
茄子	eggplant	豌豆	pea
芹菜	celery	蕹菜	water spinach
青鱼	black carp	莴笋	asparagus lettuce
人参	ginseng	乌鱼蛋	dried cuttlefish egg
肉豆蔻	nutmeg	乌枣	black date
软浆叶	malabar spinach	乌贼	octopus
山药	Chinese yam	无花果	fig
扇贝	scallop	西瓜	watermelon
烧鸡	roast chicken	西葫芦	pepo
生菜	lettuce	西蓝花	broccoli
石斑鱼	grouper	西米	sago
石榴	pomegranate	虾米	dried peeled shrimp
食糖	sugar	虾皮	dried small shrimp
食盐	salt	咸蛋	salted egg
柿饼	dried persimmon	香菇	shiitake fungus
丝瓜	luffa-smooth loofah	香蕉	banana
四季豆	common bean	香叶	bay leaf
松露	truffle	小麦	wheat
松子	pine nut	小米	millet
酸奶	yogurt	蟹粉	crab meat paste
蒜苗	garlic sprout	杏	apricot
蒜薹	garlic bolt	杏仁	apricot kernel
笋干	dried bamboo shoot	鳕鱼	cod
梭子蟹	swimming crab	鸭	duck
梭子鱼	pike	芫荽	coriander
鳎	sole	燕窝	edible bird's nest
桃	peach	羊奶	ewe's milk
甜瓜	melon	羊肉	mutton

中文	英文
洋葱	onion
腰果	cashew
椰子	coconut
叶芥菜	leaf mustard
贻贝	mussel
苡仁	coix seed
意大利面	pasta
银耳	tremella fuciformis
银鱼	whitebait
樱桃	cherry
鱿鱼	squid
鱿鱼干	dried squids
柚	pummelo
鱼翅	dried shark's fin
鱼唇	dried shark's lips

中文	英文
鱼肚	dried fish maw
鱼骨	dried fish bone
鱼露	fish sauce
鱼皮	dried fish skin
玉米	corn
芋	dasheen
沼虾	freshwater prawn
榛子	hazelnut
中华绒螯蟹	Chinese mitten crab
猪肉	pork
猪蹄筋	tendon of pork
竹笋	bamboo shoot
孜然	cumin
紫菜	laver